JN061482

講座 サニテーション学
Sanitation Studies Series
1

総論 サニテーション学の構築

山内太郎・中尾世治・原田英典◆編著

Introduction to Sanitation Studies

北海道大学出版会

本講座の刊行によせて

サニテーションとは，主として人のし尿の安全な処理・処分と，そのための施設やシステム，およびそれにともなう場の状態を意味する。国連のミレニアム開発目標(MDGs)終了時の2015年には，世界人口のおよそ3分の1(23億人)は基本的なトイレをもっておらず，2017年には世界人口の約1割(7億人)が野外排泄を行っていたという現実がある。MDGsを後継した持続可能な開発目標(SDGs)においては，2030年までにすべての人が，設備が整い，かつ適切に運用されているサニテーション施設にアクセスできるようになること，そして野外排泄の撲滅が謳われている(目標6：安全な水とトイレを世界中に)が，2022年現在で残り10年を切っていることを鑑みても，もはやこの目標の達成は困難であるように思える。さらに，サニテーションの問題は低-中所得国にとどまらない。下水道管などのインフラの維持，管理に膨大なコストを要する近代的なサニテーションは，人口減少の渦中にある日本においても大きな課題として顕在化しつつある。

サニテーションを技術の導入および普及として捉えてきた従来の工学的なアプローチは限界に来ており，発想の転換が求められている。すなわち，SDGsの「誰も取り残さない(No one left behind)」，言い換えれば「すべての人に……」「世界中に……」を達成するためには，一律に標準となったものを世界中のすべての人にあまねく行き渡らせるのではなく，むしろ，それぞれのコミュニティの文脈に沿ったサニテーションを，現地のステークホルダーと共創していくことが重要である。つまり，来たるべきポストSDGs時代においては，「Standard(標準)を普及させる」のではなく「Tailored(特有)を共創する」ことが肝要となるだろう。

問題は，ローカルな社会でどのようにして適切なサニテーションシステムを構築し，どのように実施すればよいかということである。排泄行為や排泄物の処理・処分というのは，文化，経済，技術，健康などの多くの領域にまたがる複雑で深淵な問題系である。さらに，世界に7億人を数えるトイレをもたない(あるいは使わない)人々がトイレを持続的かつ適切に使うためには，意識を変え，行動を変容し，新しい行動を習慣化することが必要である。個人の努力のみでは達成はきわめて難しく，コミュニティに新しい文化が醸成されなければならない。サニテーションは社会や文化に埋め込まれている仕組みであり，さらには文化そのものであるともいえるのである。

このような視座に立ち，ここに提示するのが，サニテーションを主として扱ってきた衛生工学や公衆衛生学に加えて，文化人類学，生態人類学，倫理学，宗教学，開発経済学，人類生態学，国際保健学，国際政治学，科学コミュニケーションなどのさまざまな学問領域を横断する新たな学問領域としての「サニテーション学」である。『講座 サニテーション学』は，総合地球環境学研究所「サニテーション価値連鎖の提案：地域のヒトによりそうサニテーションのデザイン」プロジェクト(FR: 2007-2021年度，No. 14200107)における学際的なメンバー間の議論とフィールドや実験室での研究活動をもとに編まれた。プロジェクトでは，サニテーションを構成する要素，あるいはサニテーションが有する価値を捉え直すとともに，世界の5つの地域社会において，ステークホルダーとサニテーションの共創を模索した。すなわち，サニテーション学とは，「サニテーションとは何か」をあらためて考えることに始まり，さらにフィールドにおける実践を，可視化や再解釈といったメタ研究によって振り返り，再び実践，というサイクルを繰り返したプロジェクトの奮闘によって生み出されたものである。本講座では，そうした知見をまとめたものとして，サニテーションを統合的に捉える枠組みと，現場の多彩なステークホルダーと共創する新たな社会実践のあり方を示している。

本講座を踏まえた今後の展望にも触れておきたい。まずは，フィールドにおける共創の取り組みを他のコミュニティに水平展開することである。また，コミュニティからより大きな地域社会，行政区画，国へのスケールアップも課題である。これまでサニテーションの新たな仕組みづくりの挑戦は，そのほとんどが失敗に終わっているが，その大きな原因のひとつはコミュニティにおける共創が不十分であったからではないか。まず「コミュニティ(共)」

でステークホルダー，アクターと共創してサニテーションの仕組みをしっかりとつくったうえで，「プライベートセクター(民)」「パブリックセクター(公)」と接続し，連携することが鍵となるだろう。

さらに視野を広げてみると，地球規模の物質循環，とくに窒素・リン等の栄養塩循環において，サニテーションは重要な役割を担っていることに気づかされる。「食料－サニテーション－土壌－農業－食料……」という大きな循環を考えていくことによって，世界的な気候変動や地球環境問題の解決策や緩和方策の策定に貢献できるだろう。また，空間から時間に視点を変えて，人類の歴史を紐解き，狩猟採集社会，農耕・牧畜革命，都市国家形成，産業革命，そして現代へといたる，人類史におけるサニテーションの変遷についても考えてみたい。さらに人類進化の視点から霊長類と排泄行動，排泄物の処理を比較することによって，人間(ヒト)にとってのサニテーションとはなにか，という究極的な問いにアプローチできるのではないだろうか……。

サニテーションとは，地球上のどこの場所，歴史上のいつの時代においても，人間の活動と切り離すことのできないものである。同時に，近い将来100億人を数えると推定される人類の排泄物が地球環境に与える影響は計り知れない。サニテーション学は，こうしたサニテーションにまつわるすべての論点を包含する学問でありたいと考えている。

最後に，初代リーダーの船水尚行先生をはじめ，新たな学問をつくるというチャレンジングな道のりをともに歩んでくれたプロジェクトメンバー，とくに，大変な苦労をして思想の言語化に取り組んでくれた各巻の執筆者に感謝を申しあげたい。また，本講座の編集にあたっては，すべての原稿に目を通して的確なコメントをくれるとともに，温かく(時には)厳しく執筆者を支えてくださった地球研所内メンバーの本間咲来さんと北海道大学出版会の今中智佳子さんにも心からお礼を申しあげたい。

総合地球環境学研究所「サニテーションプロジェクト」リーダー
山内太郎

目　次

第2部　サニテーション学を深める

序　章　なぜサニテーション学か

中尾世治・原田英典

はじめに

ひとは排泄をする。ひとが多くなれば，排泄物も多くなる。先進国における成人１人の１日当たりの糞便の排泄量の中央値は 127 g，尿は 1.4 L とされる(Rose et al. 2015)。単純に計算すると，1000 人のコミュニティで 127 kg, 1400 L，100 万人の都市で 127 t，1400 m^3 となる。途方もない分量のし尿(糞便と尿)が日夜，排泄されているのである。ひとのし尿を適切にひとの生活から隔離し，回収し，運搬する仕組みがなければ，生活する場にし尿が残り，積み重なる。またそれを適切に処理し，処分しなければ，周辺の環境はし尿で汚染される。

とくに低-中所得国において，ひとのし尿が，生活の場に残ることは例外的な状況ではない。たとえば，南部アフリカのザンビアの首都ルサカの郊外では，トイレを修繕できず，容器に集められたし尿を路上に捨てるといったことが，珍しくない(本講座第５巻第８章)。2020 年時点の推計では，4.9 億人の人々が，トイレなどの施設をもたない野外排泄の状況にあり，川の上に排泄する吊り下げ式トイレや，バケツやカゴ等の上に座台を設置しただけのバケツ式トイレを利用する人々は，およそ 6.2 億人とされる(WHO/UNICEF Joint Monitoring Programme 2021)。

し尿が適切に管理されず，生活の場に残ることで，ひとの身体と精神が損なわれる。最も代表的なものは，下痢である。世界保健機関(WHO)は，し尿が適切に管理・処理されないことによる下痢を原因として，低-中所得国では毎年約43万2千人が亡くなっていると推計している。また，生活の場に残らなかったとしても，周辺に投棄されれば，周辺の河川が汚濁されるなど，環境を悪化させる。水環境の汚染は安全な飲水の確保にも悪影響を与える。このような状況を回避するために，し尿を適切に始末すること，つまり，適切なサニテーションの確立が求められている。

「すべての人々に水とサニテーションへのアクセスと持続可能な管理を確保する」。これが，持続可能な開発目標(Sustainable Development Goals；SDGs)の目標6である。SDGsは，国連によってかかげられた2030年までに達成すべき17の目標であり，そのひとつが適切なサニテーションの確立である。しかし，本書第2章に述べるように，低-中所得国における適切なサニテーションの確立は，多くの困難を抱えている。このサニテーションの目標について，2030年までの達成が容易ではないというのが実情である。一方で，ひとの排泄するし尿は増え続けている。国連の報告書によれば，2019年時点の世界人口は77億人と推定されるが，2030年に約85億人，2050年に約97億人，2100年に約109億人に増加するとされる(United Nations 2019)。このような人口増加に応じて，し尿も増えていく。適切なサニテーションが世界的に必要とされているのである。

サニテーションは，低-中所得国だけの課題ではない。人口減少の進行する先進国，とくに日本においても大きな課題となっている(船水 2014)。人口減少にともなって，地方自治体の財政は縮小し，下水道の持続的な維持・管理が一層困難になる。下水道の目的には，雨水排除も含まれており，汚水処理に限定されるものではないが，日本では1976〜2018年の42年間だけでも下水道に65兆円の資金を投入し，2018年度においても，その資金のための地方債がいまだ24兆円も残っているという状態にある。さらに，雨水排除分を除く汚水処理経費は，ほとんどの場合において，下水道使用料ではまかないきれず，その運用は赤字となっている(本書第2章)。つまり，人口減少の進む日本においては，下水道の維持管理の困難としてあらわれ，人口増加の進む低-中所得国においては，下水道の普及の困難として捉えられる。両者に共通していることは，適切なサニテーションの確立と維持・管理が求められている一方で，従来型の下水道ではあまりにもコストがかかり過ぎるということにある。

このように，人口が増加する社会においても，人口が減少する社会においても，それぞれ別様にサニテーションの課題が存在している。産業革命以降の先進国の都市部において，下水道管路を張りめぐらせ，その末端に処理場を設置する下水道というシステムは，経済の発展とともに進行した人口増加に対応するものであったといえるだろう。しかし，このシステムは，少なくとも，あらゆる時代のあらゆる地域に妥当である普遍的な解決策というわけではなかった。

ひとのし尿をいかに始末するのか，あるいは，始末してきているのか。このサニテーションの問いが，サニテーション学の基軸をなすものである。本書は，『講座　サニテーション学』の第1巻であり，環境工学(かつては衛生工学)，公衆衛生学，国際保健学などの既存の学問分野を踏まえつつ，人文社会科学も含む統合的なサニテーション学の提案を企図している。ここでは，サニテーションという語の定義を述べた後に，なぜサニテーション学が必要とされているのかを示す。最後に本書の構成をまとめ，サニテーション学の方向性を提示する。

1　サニテーションとは

サニテーションは耳慣れない言葉であるかもしれない。サニテーション(sanitation)は，従来，衛生(設備)と翻訳されてきた。たとえば，『プログレッシブ英和中辞典 第5版』では，sanitationの項には「衛生設備，(特に)(衛生的な)上下水道，下水設備，下水処理；公衆衛生(管理)」とある。それでは，衛生という語は何を指すのか。『広辞苑 第7版』の衛生の項をひくと，「健康の保全・増進をはかり，疾病の予防・治療につとめること」とある。

一方，sanitationの語は，英語辞典ではどのように解されているのか。オンライン版のOxford Learner's Dictionaryでは，サニテーションとは「とくに人間の排泄物の除去によって，場(places)をきれい(clean)に保つ設備やシステム」とされる。Oxford English Dictionary の第３版は，より厳密である。サニテーションを「サニタリー(sanitary)の条件を改善する手段の適用と仕組み(devising)」とし，サニタリーを「健康に影響を与える条件のうち，とくに清潔さと感染や他の有害な影響に対する予防策に関連するもの；サニテーションに関連するもの。また，場合によっては，有害な影響のない条件や環境に関連するもの」とする。

日本語の衛生と英語のサニテーションを比較すると，日本語の衛生という語のほうが，その語の適用範囲がより広いといえる。たしかに，サニテーションは「健康の保全・増進をはかり，疾病の予防・治療につとめること」という日本語の衛生の意味を含意する。しかし，サニテーションは衛生のなかでも，より対象を絞って，清潔さを保ち，感染・有害な影響を避けるための条件を整える設備やシステムということになる。つまり，サニテーションは衛生に含まれるものであって，衛生のすべてではない。

結論からいえば，日本語の衛生という概念は，英語での hygiene，(public) health，sanitation の３つの意味を含んだものとなっている。これには現在の衛生という語の成り立ちが関連している。現在の衛生という語は，1876年(明治９年)に内務省衛生局の設立によって誕生した。この語は，初代衛生局長の長与専斎(ながよせんさい)によって考案された。岩倉使節団に加わり，欧米の視察に赴いた長与は，そこで衛生行政を目の当たりにし，「サニタリー〔sanitary〕云々，ヘルス〔health〕云々の語」が「単に健康保護といえる単純なる意味にあらざること」に気づき，「サニテーツウェーセン〔Sanitäts-Wesen〕，オッフェントリヘ・ヒギエーネ〔offentliche Hygiene〕など称して，国家行政の重要機関となれるもの」が「東洋にはなおその名称さえもなく全く創新の事業」であるとしている(長与 1980(1902)：133-134)。長与は帰国後，この「東洋にはなおその名称さえ」ない組織の命名に頭を悩ます。彼自身の回顧では，「原語を直訳して健康もしくは保健などの文字を用いんとせしも，露骨にして面白からず，別に妥当なる語はあらぬかと思いめぐらししに，ふと『荘子』の「庚桑楚篇」に衛生といえる言あるを憶いつき，本書の意味とはやや異なれども字面高雅にして呼声もあしからずとて，ついにこれを健康保護の事務に適用したり」とある（ibid.: 139）。つまり，長与は，hygiene，（public）health，sanitation の３つの語の意味に通底する，「国民一般の健康保護」（ibid.: 133）を一括して把握し，これに衛生の語を当てたのである。逐語的な対訳ではなく，３つの語に通底する意味を包含するカテゴリーを生み出し，それを既存の語の再解釈として提示したことは，漢籍を教養とし，ヨーロッパ諸言語とその学問に通じた長与の慧眼というべきであろう。

しかし，衛生という語は，訳語としては混乱を招くこととなった。再び，『プログレッシブ英和中辞典　第５版』を引くと，上記の３つの語の訳語として，衛生という語が，共通してあらわれている。具体的には，「衛生状態」，「衛生習慣」（hygiene），「医療（制度），衛生」（health），「衛生設備」，「公衆衛生（管理）」（sanitation）となっている。端的にいえば，衛生のなかに含まれるサブカテゴリーに衛生の語を用いているため，hygiene，（public）health，sanitation のそれぞれの語義が不明瞭となっているのである。このような混乱を避けるため，本講座では，あえて，衛生ではなく，サニテーションという語を採用することにした。

この訳語をめぐる問題は，サニテーションという語がいったい何を指し示すのかを明確にさせる。さきに引いたように，Oxford Learner's Dictionary によれば，サニテーションとは「とくに人間の排泄物の除去によって，場をきれいに保つ設備やシステム」とされる。他方で，ハイジーン（hygiene）は「病気を防ぐために，自分自身と自分の生活・労働の範囲（areas）をきれいに保つ実践」である。サニテーションとハイジーンを対照的に捉えるならば，健康を守るためにきれいさを保つことを共通としながらも，ハイジーンは自己が中心的な対象となった実践およびその状態であり，サニテーションは場が中心的な対象となった設備・システムおよびその状態である。このように考えると，ハイジーンは自己から汚いものを分離させ，サニテーションは汚いものを場から隔離させるものとなる。つまり，両者は汚いものから守るべき対象が異なっているのである。そして，両者において，健康（health）とは，汚いものから守った結果として得られるものとして位置づけられることになるだろう。

Oxford Learner's Dictionary の定義をやや拡張して，本講座では，サニテーションを，広義としては，し尿などを取り除くことによって，場をきれいに保つ施設やシステム，および，それにともなう場の状態とする。サニテーションのあり方は歴史的に変化してきている。本書第2章で示されているように，サニテーションは，し尿を始末するものから，19世紀にヨーロッパ諸国を中心に集団の健康保護という衛生の一部となり，集団に影響を与える環境衛生をも含み込むものとして展開していった。その意味で，19世紀以降のあり方に限定するならば，サニテーションとは，狭義には，特定の集団の健康保護を目的として，し尿などの人体に害をなすものを排除し，その集団の活動の場を清潔に保つ施設とシステムであると定義づけられる。

さきにみたように，サニテーションは衛生行動(hygiene)と公衆衛生と，集団の健康保護のための衛生という点で共通した目的をもっている。そのために，歴史的にいっても，サニテーションの領域は，衛生／環境工学(Sanitary/Environmental Engineering)，公衆衛生学(Public Health)・国際保健学(International/Global Health)などといった学問分野によって担われ，学問分野の枠組みとしては，人文社会科学とは離れて形成されてきた。また他方では，2000年代以降，サニテーションは，低-中所得国における開発援助の文脈において，水供給，サニテーションおよび衛生行動(水と衛生，Water, Sanitation, and Hygiene；WASH)という枠組みでの取り組みがなされている。

それでは，われわれは，なぜサニテーション学を構想したのか。次節では，既存の学問分野を踏まえつつ，水と衛生の枠組みのなかでのサニテーションの固有の困難な問題を指摘し，人文社会科学を含めたサニテーション学の必要性について述べる。

2　なぜサニテーション学が必要とされるのか

サニテーション学がなぜ必要なのか。SDGsの目標6において水と衛生として一体的に扱われる水供給，サニテーションおよび衛生行動のなかで，なぜとくにサニテーションに注目する必要があるのか。ここでは，サニテーションには固有の特徴があり，それゆえにサニテーションの課題に取り組むことが容易ではない点を３つ取り上げ，サニテーション学の必要性について述べる。

まず第一に，サニテーションを含む水と衛生は私的な生活に埋め込まれたものであり，個人の行動変容が求められるものである点があげられる。水の利用あるいは衛生行動も私的な生活に埋め込まれたものであるが，なかでも排泄はきわめてプライベートな行為といえる。そして，排泄にかかわるトイレなどの空間や排泄にかかわる所作，あるいは排泄物とのかかわりは，排泄や排泄物に対する恥や嫌悪の概念なども関係し，人の尊厳やプライバシーに大きくかかわるとともに，文化的な影響も受ける事項である。また，屋外トイレの夜間利用による性暴力や，し尿の汲み取り作業者へのスティグマなど，サニテーションは社会的な側面もあわせもつ。サニテーションに変化を起こすことは，こうしたきわめて私的な事項に変化を起こすことであり，そのために，それにかかわる人の行動に変化を起こす，あるいは変化を求めるものでもある。このようにきわめて私的な側面をもつサニテーションの成立には，施設としてのサニテーションの導入にかかわる工学的な側面，あるいは健康改善のための公衆衛生学的な側面のみならず，排泄や排泄物，それを扱う人々についての人文社会科学的な側面を融合したアプローチが不可欠である。さらに，以下で述べるように，適切なサニテーションを成立させ，個人の行動変容を引き起こすのは容易ではない。

第二は，サニテーションは個人の健康の改善に対して間接的に働き，周辺の環境の改善に対して公共的に働く点である。そもそも，安全な水供給は正の財を供給することである一方，サニテーションは負の財であるし尿に始末をつけることであり，個人への直接的な動機を生みにくい。サニテーションが何をしているかといえば，上述のとおり，生活の場，あるいは環境を清浄にすることに貢献している。健康に関していえば，サニテーションは環境中の糞便汚染を減らし，その結果として飲料水や食べ物，あるいは手などの媒体への糞便の伝搬を防ぎ，ひいては糞便が口から体に入ること（曝露）を低減させ，感染，さらには下痢などの発症を減少させるのである。つまり，サニテーションは環境の糞便による汚染を防ぐことで，間接的にひとの健康の改善に貢献しているのである。

一方で，サニテーションはある個人だけの実践ではその効果が顕在化しにくい。隣人がし尿を投棄していれば地域としての汚染は防げず，ある研究では，特定の地域に少なくとも60％程度のサニテーションの普及がなければ，健康改善効果は顕在化しないともいわれる(Cronin et al. 2017)。こうしたサニテーションの特徴は，安全な飲料水や手洗いが，それを実施する人自身の健康改善に直接的に貢献することと比較すると対照的であるといえる。こうした違いから，安全な水供給や衛生行動による健康改善効果は，下痢の発生頻度などを指標とした疫学調査で広く確認されるが，サニテーションの導入による効果はこうした疫学調査でも統計的に有意に確認されないことも多い。近年では，サニテーションの効果は健康改善ではなく，環境の汚染の低減，あるいは環境の質の改善によって評価すべきともされる(Pickering et al. 2019)。このように，サニテーションは環境の質の改善を通じて間接的・公共的に作用するものであり，水供給や衛生行動と比べても，働きかけ(サニテーションの導入)をおこなう個人にとってその効果を実感しにくい。こうしたサニテーションの特徴は，個人にとってのサニテーションの優先順位を低下させ，行動変容を困難にする。

第三は，サニテーションは，私的領域と公共的領域をまたいで成立するという点である。上述のとおり，排泄の場というのはきわめて私的であり，トイレは私的なものである。一方で，低-中所得国の農村などで広く使われるピットラトリンや，都市部に広く存在する腐敗槽では，施設を衛生的・継続的に利用するためには，ピットや槽内に溜まった堆積物であるし尿汚泥を汲み取って運搬して，あるいは，下水道に接続された水洗トイレでは，水洗されたし尿を管路で運搬して，その後には処理し，処分/資源利用するなど始末をつける必要がある。これらの場合，汲み取りあるいは水洗された後の段階としてのサニテーション(ここではこれをポストトイレ・サニテーションと呼ぶ)は，公共的な環境を守るために始末をつけているのであって，その実施主体が公的セクターであれ，民間セクターであれ，公共的側面が強い (Harada 2022)。コンポストトイレなどでし尿を処理して農地に返す自己完結型のトイレの成立が困難な状況では，ポストトイレ・サニテーションは不可欠である。都市ではまさにポストトイレ・サニテーションが必要である一方，低–中所得国の都市には，貧困層など社会的に脆弱なグループからなるコミュニティがしばしば存在する。個人の範囲を越えて公共的なサービスとなるポストトイレ・サニテーションでは，サニテーションにかかわるステークホルダーも多様になる。私的側面および公共的側面をあわせもつサニテーションの整備・運用の責任と負担を個人と社会がどのように分担し，サニテーションをいかにシステムとして社会的に成立させるかは，大きな課題である。

以上のように，サニテーションは固有の特徴を有し，それらは互いに独立したものではなく相互に関係しあう。生活に埋め込まれ，ひとの健康と環境に間接的に影響を与え，私的側面と公共的側面をあわせた複雑さを備えるサニテーションに取り組むうえでは，既存の個別の学問領域にとどまることなく，統合的にサニテーションに取り組むことが不可欠である。ここに，新たにサニテーション学が必要とされるのである。

3 本書の構成

それではサニテーション学とはどのようなものであるのか。その大枠を示すものとして，本書は，第1部で，これまでの歴史と現状，サニテーションを捉えるためのモデルを提示し，第2部において，現場でのサニテーション改善の実践と理論について述べる。

第1部では，「サニテーション学を拓く」として，サニテーションの歴史と現状を踏まえ，サニテーション学がどのようにありうるのかを述べる。具体的には，第1章では，古代から20世紀半ばまでのサニテーションの世界と日本の歴史をたどる。そのなかで，サニテーションの概念がどのような歴史的なコンテクストのなかで生じ，発展したのかを示す。重要な点は，サニテーションの歴史は単なる技術の発展の歴史ではない，ということにある。19世紀以降の国家による統治のあり方とともに，サニテーションは発展してきた。また，日本では，し尿が財貨として扱われてきた長い歴史をもつ。このような歴史から，現状のサニテーションの概念がどのように成立し，政治や経済のあり方とともに変わっていったのかを理解することができるだろう。

第2章では，20世紀半ば以降，とくに1970年代以降の低-中所得国を主たる対象とした国際開発のなかで，サニテーションがどのようにグローバル・イシューとしてとりあげられるようになっていったのかを論述する。この論述からは，基本的人権を構成する要素としてサニテーションが組み込まれるようになり，サニテーションを評価する基準が精緻化されていくなかで，どのようなサニテーションのあり方を国際機関が目指そうとしているのかを深く知ることができるだろう。また，この章の最後では，グローバル・サニテーションの現在と課題が端的にまとめられており，低-中所得国におけるサニテーションの問題の全体像を知るための基礎的な知識を得ることができる。

第3章では，これまで述べてきた歴史と現状を踏まえたうえで，サニテーションを包括的に捉えるための新たな学問領域としてのサニテーション学を提示する。これまでのサニテーションの捉え方とサニテーション改善の取り組みにおける問題点を指摘し，価値の創造としてのサニテーションという考え方を出発点とすることを主張する。そのうえで，第2節において，サニテーションの3つの価値——物質的・経済的な価値，健康の価値，社会的・文化的な価値——を明らかにし，これらの3つの価値とその相互連関を捉えるための視座としてのサニテーション・トライアングル・モデルを提示する。ここでは，物質・経済，健康，文化・社会がそれぞれ互いに重なりあう領域でサニテーションを捉えることで，異なる学問分野が協働して，サニテーションの問題を把握できるようにするという視座を学ぶことができるだろう。

第2部の「サニテーション学を深める」では，現場でのサニテーションの改善のための理論と実践のあり方を提示する。第4章では，サニテーションがどうあるべきかという規範的な問いを出発点にサニテーションの倫理を構想する。サニテーションの倫理は世界でもいまだ端緒についたばかりの分野であるが，(1)トイレは普遍的に提供されるべきものであるのか，(2)使用者にとってトイレはどのようなものであるべきか，(3)誰がどのように人間のし尿を処理するべきか，(4)人間のし尿を処理する技術はどのようなものであるべきか，(5)人間のし尿を処理する技術はどのように導入されるべきか，という5点について，サニテーション改善の現場で，サニテーションはどうあるべきかを考える際に立ちどまって考慮に入れるべき考え方を提示している。

第5章では，トイレを使用していなかった人々がトイレを使用するという行動変容の理論と実践の紹介がなされる。トイレの導入は，トイレを用いるという習慣の導入を意味する。モノはただそれ自体として存在するだけでは機能しない。トイレを維持・管理するための社会的な仕組みと人々の習慣をつくりあげていくことが必要とされる。この章では，そのような行動変容を企図した介入の方法論を整理し，感情や知識，社会規範などに着目した既存の方法論の長所と短所を提示している。そのうえで，意識的な行動と無意識の行動の双方に働きかけ，さらには既存の行動や慣習に無理なく組み込むという手法の提案を紹介している。ここでは，サニテーションが人々の排泄の慣習と深くかかわっており，そうであるがゆえに，必ずしも言語化されていない事柄(無意識の行動)を含むことが示唆されている。言語で明確に語られる事柄(意識的な行動)と言語化されていない事柄(無意識の行動)の双方からサニテーションを捉える視座が示されているといえるだろう。

第6章では，現場において地元の人々とどのように水とサニテーションの仕組みをつくりあげていくのかという点が，著者自身が取り組んできた北海道富良野市の事例を通して論述される。そこでは，まず，水とサニテーションの仕組みの範囲の設定が自明ではなく，そのすべてを技術によって制御・管理することが原理的に困難であることを確認する。そのうえで，そもそも，水とサニテーションの仕組みが誰のために，どのようになされうるのかを整理しつつ，私的な利害関心(個人的な思いや市場経済の利害など)と公的な利害関心(国と地方自治体の責任と役割)との調整によって，水とサニテーションの仕組みがつくりあげられていることを述べる。そして，既存の公と私の利害関心の線引きを自明のものとせず，柔軟に組みかえていく方向性を示し，富良野市の地域自律管理型水道の取り組みのなかで，その取り組みにかかわっている人々のモチベーションをいかに調整し，win-win の関係をつくりあげていったのかが論述される。既存の社会関係のあり方をモチベーションという点で理解し，すでにあるものをできるだけ大きく改変せずに，個人のモチベーションと全体としての「ゆるい」ゴールとのバランスをとりながら進めるという本章の立場は，サニテーションを技術だけの問題として捉えず，地域における物質・経済，健康，文化・社会の問題として把握するサニテーション学のひとつの方向性を指し示している。

『講座 サニテーション学』は全5巻のシリーズとして構成されている。サニテーションの文化的・社会的な側面，物質的・経済的な側面，健康についての側面について，それぞれ専門的な知見をまとめた巻の刊行が予定されており，第5巻では，実践例を踏まえた現場でのサニテーションの取り組み方について論じる予定である。既存の学問分野の蓄積を踏まえて，新たな枠組みをつくりあげることは容易ではない。しかし，サニテーションを学ぶ学生はもちろん，現場でサニテーション改善に取り組む人々，サニテーションに関連する学問分野の研究者，そして，サニテーションや国際開発に関心をもつ一般の人々の知識と視座を拡げるものとなることを強く願っている。

参考文献

長与専斎 1980(1902)「松香私志」『松本順自伝・長与専斎自伝』小川鼎三・酒井シヅ校注，平凡社，101-214 頁

フーコー，M.(2007)「十八世紀における健康政策」『フーコー・コレクション-6　生政治・統治』中島ひかる訳，ちくま学芸文庫

船水尚行(2014)「石狩川流域圏上下水道システム研究会の活動」『水道公論』2014 年 6 月号，46-51 頁

Cronin, A. A., Gnilo, M. E., Odagiri, M. & Wijesekera, S. (2017) Equity implications for sanitation from recent health and nutrition evidence. *International Journal for Equity in Health* 16: 211.

Harada, H. (2022) Interactions between Materials and Socio-Culture in Sanitation. In: Yamauchi, T., Nakao, S. & Harada, H. (eds.) *The Sanitation Triangle: Socio-Culture, Health and Materials*. Springer.

Pickering, A. J., Null, C., Winch, P. J., Mangwadu, G., Arnold, B. F., Prendergast, A. J., Njenga, S. M., Rahman, M., Ntozini, R., Benjamin-Chung, J., Stewart, C. P., Huda, T. M. N., Moulton, L. H., Colford, J. M., Luby, S. P. & Humphrey, J. H. (2019) The WASH Benefits and SHINE trials: interpretation of WASH intervention effects on linear growth and diarrhoea. *The Lancet Global Health* 7: e1139–e1146.

Rose, C., Parker, A., Jefferson, B. & Cartmell, E. (2015) The characterization of feces and urine: a review of the literature to inform advanced treatment technology. *Critical Reviews in Environmental Science and Technology* 45 (17): 1827–1879.

United Nations, Department of Economic and Social Affairs, Population Division (2019) *World Population Prospects 2019: Highlights*. ST/ESA/SER.A/423.

WHO/UNICEF Joint Monitoring Programme (2021) *Progress on Household Drinking Water, Sanitation and Hygiene 2000–2020; five years into the SDGs*. Geneva: WHO.

第1部

サニテーション学を拓く

第1章　サニテーションの成立と発展

原田英典

はじめに

サニテーションはどのようにして成立し，発展してきたのだろうか。その過程を知ることは，これからのサニテーションが目指すところを考えるうえでの，思想的な土台を築くこととなるだろう。本章では，まず第1節で，古代文明から中世までのし尿や下水を排除するサニテーションを振り返りつつ，当時の感染症への理解についても触れる。続く第2節では，19世紀におけるコレラ流行の状況下で，衛生のためのサニテーション，そして衛生統治が誕生する過程を，微生物による感染症の理解が深まっていく過程とともに詳述する。さらに第3節では，環境衛生のためのサニテーションが成立していく過程を，水質汚濁の深刻化とそれに対処する処理技術の発展とともに述べる。そして第4節では，とくに日本のサニテーションのあゆみについて，日本独自の下肥の利用などにも注目しつつ解説する。最後に，汚濁制御を主目的としていた環境衛生のためのサニテーションが，どのようにして地球環境のためのサニテーションへと発展したかについて解説しつつ，新たにどのような課題が生じたのかについても簡潔に述べる。

1　サニテーションのはじまり

(1)　古代文明におけるサニテーション

サニテーションの歴史はどこまでたどれるのだろうか。最も古く見積もると2億4000万年前の恐竜出現期の大型草食動物が共同の排泄場所ともとれる特定の場所において集団で排泄をしていたことが示唆されている(Fiorelli et al. 2013)。現世人類についてもその誕生時にはすでに何らかのルールのもとで排泄し，し尿に始末をつけるサニテーションといえるものは存在していたと考えられるかもしれないが，その起源はよくわかっていない。

一方，記録に残っているサニテーションとして広く知られているのは，メソポタミアのシュメール文明，エーゲ海のミノア文明，インダス文明およびエジプト文明の各遺跡にみられるサニテーションだろう(Welch 1945; Leonard 2001)。これらでは，石造りの排水路や，屋外のトイレと推測されるものが見つかっている。紀元前3300〜2700年と推定されるモヘンジョ・ダロの遺跡(インダス文明)では，下水道がすでに存在していた。浴場とトイレが存在し，床下には下水路が敷設されていた。し尿が流れる汚水溜(cesspit)[1]と下水路はレンガを敷き詰めてつくられており，下水はいったん汚水溜に入り，下水路の勾配が均一につくられていることで，下水の上澄みが流れるようになっていた。シュメールでは紀元前2500年頃には下水路がみられ，バビロン(メソポタミア文明)では紀元前2200年頃には腰掛け式の水洗トイレが出現している。これらの文明のなかでもミノア文明はサニテーションの技術的水準が高く，王族の家々には下水道に接続された浴室とトイレが備えられ，現代の配管工でも敷設が容易ではない陶器製の管渠が互いにぴったりとはめ

---

1)　下水，とくにトイレ排水をいったん貯留する槽。英語では，cesspitの他，cesspoolあるいはsoak pitなどといわれる。現在の典型的な汚水溜は，直径1m程度，深さ2〜3mの筒型槽で地下に埋設され，下水を受け入れ，液体分をゆっくりと地下浸透させるものである。なお，槽を防水化して液体分の地下浸透をしないものもあり，holding tankとも呼ばれる。内部に溜まる汚泥を一定の頻度で汲み取る必要がある。

込まれていた。これらの時代の都市は大河のそばに位置していたことから，運河の整備や洪水の制御など，その水をコントロールするためのさまざまな技術が発達した。このような水をコントロールする技術を基盤として，し尿あるいはトイレ排水の排除技術としてサニテーションも発達した。

古代ローマ帝国は多くの土木構造物を構築したことで知られる。水と衛生に関して有名なものは，現在もフランスのニームに存在する水道橋であるポン・デュ・ガール(西暦50年頃)である。水道の整備で水洗トイレの利用が広がる一方，それ以前の紀元前600年頃には，ローマの一部の区画では主に排水が当初の目的ではあったものの，クロアカ・マキシマと呼ばれる下水道(図1)がすでに建設されるなど，都市からの排水や水洗トイレを備えた公衆トイレ・浴場や公共施設からの下水を排除するための排水路が整備されていた(齋藤 1998)。ただし，当時のローマの下水道は，家屋に接続して家庭からのし尿を直接受け入れるためのものではなく，一般市民は汚水溜などを使用していたと思われる。同時代のギリシャでは，汚水溜が改良され，下水を効

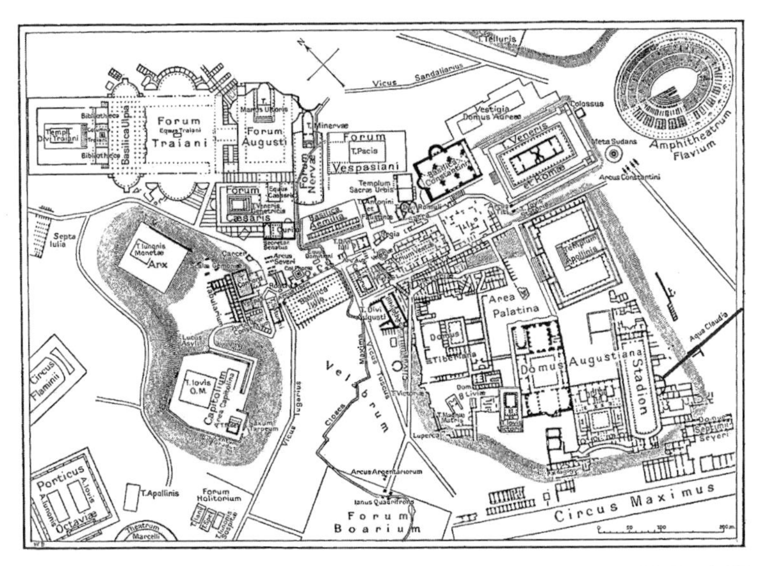

図1　クロアカ・マキシマ(下水道，中央部)とアクア・クラウディア(水道，右端)
(出典：作者不明，Wikipedia Commons より)

果的に沈殿させるための排水槽が3槽つながった処理槽が使われていた記録がある(Leonard 2001)。これは現代のサニテーション技術であり，トイレ排水あるいは下水を沈殿および貯留により処理する腐敗槽(セプティックタンク)の基本構造に通ずるものとも考えられる。この時代，人々はすでに清浄な水が健康に有益であることに気づいていたと考えられ，水をろ過するために土器や多孔質の容器を使っていたり，水をきれいにするためにチョーク(石灰)やアルミ質の土を加えていた記録がある(Leonard 2001)。しかし，トイレ排水や投棄されたし尿により人々が水源として利用する噴水が汚染されることもあり，こうした汚染は糞便由来の感染症の発生につながっていたものと考えられる。し尿と健康の関係を人々がどのように理解していたかは定かではない。

(2)　中世におけるサニテーションと感染症

中世になってもヨーロッパにおける都市のサニテーションは十分には整備されていなかった。1370年に，ようやくパリに最初の円天井の下水道が築造され，都市の排水整備が進んだ(国土交通省都市・地域整備局下水道部)。しかし，この時代の下水道の主たる目的は，雨水や生活雑排水の排除，あるいは街を洗い流し清掃することであった。一部のトイレからのし尿も事実上，下水道に入ってはいたが，し尿をそこに流すことは正式には認められていなかった。多くのパリ市民は依然として汚水溜やおまるなど，し尿を溜めるトイレを用いていた一方，各家で溜まったし尿は汲み取られ，投棄されていた(齋藤1998)。下水道はし尿を扱うためのサニテーションとしては位置づけられず，その役割は主として汚水溜などによっていたといえる。

一方，1347年のヨーロッパ全土における黒死病(ペスト)の流行をはじめ，ヨーロッパの都市は感染症にたびたび悩まされていた。正確な数字はわかっていないが，14世紀の黒死病により，ヨーロッパ人口の3分の1から3分の2程度が死亡したといわれる。感染症がしばしば蔓延したこの時代には，病気は感染するものであるという考え方が一般化していた(西迫2018)。病原体は発見されていなかったが，黒死病がオリエントから来た船によってもたらされていると認識されるようになり，ベネチアでは感染の疑われる船舶を港外に強制的に30日間（のちに40日間となる）停泊させる検疫のための法律が作られた（加藤2010）。なお，この40日間の隔離がQuarantine（検疫）の語源といわれる。

18世紀にいたるまで，都市における感染症の予防に関して，人々は2つの考え方をもっていた（西迫2018）。ひとつは，病人を都市の外部に追放することであり，もうひとつは，病気の蔓延した都市から自分が逃げ出すことである。この根底には，ミアズマ（瘴気）という考え方があった。ミアズマという概念は古代ギリシャに由来し，動植物の腐敗から発生する気体を指し，この気体が病気を起こさせる何かを含むものと考えられてきた。ミアズマは，汚れたもの，あるいは汚れた土地から発生し，その悪い空気であるミアズマを吸い込むことによって人から人へと病気が移っていくと考えられていた（図2）。たとえば，マラリアは悪い（mal）空気（aria）が原義であり，ミアズマによるものとされた。また，1882年にパリで腸チフスが流行した原因には，モンマルトル墓地の掘り返しにともなって発生したとされるミアズマがあげられた（ダルモン2005）。このように当時の人々は感染症について，現代のわれわれとは異なる理解をしていた。

こうしたミアズマによる感染という考え方によって，何らかの原因物質により病が伝搬することが議論されるようになった。病原性微生物により病が伝搬することが知られるのはまだ少し先になるが，汚れたもの，汚れた土地，汚れた人を対処することで病を制御するという考えが生まれた。そして，汚れた人は低所得者など，汚れた土地は低所得者の居住地域などと結びつけられることが多かった。このミアズマ説による感染症への対応とあわせ，病が微生物によって引き起こされることが次第に明らかになることと前後しつつ，近代的な公衆衛生，サニテーション，さらには衛生統治の考え方が19世紀に生じることとなる。

図２　ペスト医師を描いたパウル・フュルストの版画(1656年)。瘴気による感染を防ぐため，香辛料を詰めた嘴状のマスクを被り，肌を露出させないようにガウンで全身を覆っていた。(出典：Wikipedia Commonsより)

2　衛生のためのサニテーションの誕生

(1)　19世紀の衛生改革運動

人々の健康の維持・増進を目的とするサニテーション，すなわち衛生のためのサニテーションという概念が顕在化し始めたのは，18世紀後半頃からと考えられる(西迫 2018)。当時，コレラを含む病は，元来ミアズマの発生原因とされた死体の腐敗のみならず，病気にかかった人々の空気，膿，糞便，唾などによって空気が腐敗し，ミアズマが発生することで感染すると考えられた。この時代になると，感染症の流行などがみられなくても，ミアズマを発生すると考えられる場所(たとえば，墓地)に対する苦情が起こり，実際に閉鎖されるなどの事態が生じていた。こうした動きは，病自体を治すのではなく，病気にならない環境をつくりだすことへの関心の高まりでもあり，近代的なサニテーションの概念にも通じるものである。その背景には，都市における人口の増加による密集や下水・廃棄物管理問題の一層の顕在化とともに，ミアズマと結びつく悪臭の危険視・不安があったと考えられる。同時期に換気扇が発明されるなど，病院や監獄など局所的な場所でのミアズマ対策が取り組まれ始めた。さらには，問題が顕在化する都市そのものが危険な場所とされ，都市的なスケールで健康改善を図る必要が出てきた。これにあわせ，かつては都市計画のなかで装飾的な役割をもっていた公園や噴水が，よい空気を生み出すための役割も担うようになった。

19世紀は，コレラ(アジア・コレラ)がヨーロッパの都市にしばしば広がった時代でもあった。コレラはし尿に由来する感染症で，当時は罹患してから3〜4日の間に，罹患者の50%が死亡するともいわれる深刻な病であった(大森 2013)。同じくし尿に由来する感染症である腸チフス，赤痢も頻発していたものと考えられる(ダルモン 2005)。

このように感染症が頻発するなかで，個人の健康のみならず，社会の組織的な問題として健康をみる公衆衛生[2)]が社会問題化した。これにはいくつかの背景があげられる(Boston University School of Public Health 2015)。ひとつ目の要因としては，この頃，国力の増大が目指され，国力は商業や貿易のみならず，人口規模，さらには健康な労働人口など，さまざまな方法で評価されるようになり，国民の健康に関する監視が重要視されるようになった。2つ目の要因は，1800年代初頭のジェレミー・ベンサム(Jeremy Bentham)らによる功利主義の発展である。功利主義の考え方に基づいて，死亡率の低下や健康改善には，社会全体としての幸福の増大に寄与するという意味での経済的な価値が見出され，その価値は測定可能とされた。そして，人口全体における経済的価値の最大化が目指されるようになった。3つ目の要因は，健康状

2)　ウインスロー(C.-E. A. Winslow)による定義では，「公衆衛生は，地域社会の組織的な努力を通じて，疾病を予防し，寿命を延長し，身体的・精神的健康と能率の増進を図る科学・技術である」とされている(Winslow 1920)。

図3　エドウィン・チャドウィック（出典：Wikipedia Commons より）

態と貧富との相関である。貧困層の健康状態が偏って悪くなっているとする認識がもたれるようになった。1832年には，フランスにおいてルネ・ヴィレルメ（René Louis Villermé）が統計データを用いてパリの地区ごとの死亡率と貧困との間に相関を見出し，貧しさゆえの不衛生が病を引き起こすとした（大森 2013）。こうした貧困層における死亡率の高さは，パリのサニテーションの状況と関係していた。当時，パリの一部には水洗トイレが普及しだしていたものの，依然として多くの市民は汚水溜やおまるを使用していた。汚水溜やおまるに溜められたパリ市内のし尿の大部分が，パリの東北部にあるモンフォーコンの石切場跡を利用して投棄され，液体部分はセーヌ川に流され，残った固形分は乾燥後，主として野菜栽培業者に販売されていた。しかし，低所得者が多く住む地域では，汚水溜からの汲み取りも十分におこなわれず，不衛生な状態にあった（齋藤 1998）。

こうしたなか，同様の状況にあったイギリスにおいて，近代的なサニテーションの概念を提唱し，それを実行したのがエドウィン・チャドウィック（Edwin Chadwick）である（ブランデイジ 2002）（図3）。チャドウィックは，ベンサムに師事した弁護士・行政官であり，19世紀初頭のイギリスで救貧法改

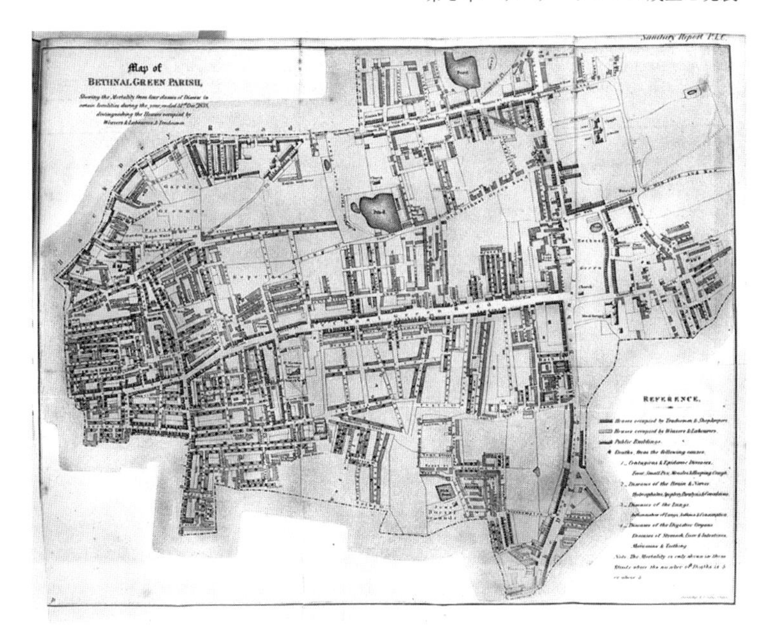

図4　ベスナル・グリーン教区の死亡者地図(出典：L0009782 Chadwick's Bethnal Green Parish map, Wellcome Library, London.)

定に関与した衛生改革の草分け的人物とされる。1842年にチャドウィックが発表した「大英帝国における労働人口集団の衛生状態に関する報告書」[3](図4)では，地方部よりも都市部において大幅に平均寿命が短いことが示された。功利主義者であったチャドウィックは，より健康な国民はよりよい労働力であると理解し，健康の悪化により人々は困窮に陥ると考え，人々の健康状態を改善することは，よい労働力を生み出すとともに，健康悪化にともなう貧者支援にかかる費用の低減にもつながると主張した。その解決策を，瘴気論者であるチャドウィックは，医師ではなく土木技術者に求めた(重森 2007)。つまり，下水道を整備することで，病の原因である悪臭，すなわちミアズマを放つし尿や下水などを都市から排除し，人々の健康状態を改善し

---

3)　The Sanitary Conditions of the Labouring Population.

ようとしたのである。こうした考え方はまさに，人々の健康の維持・増進を目的とするサニテーションに通じるものであり，衛生のための近代的なサニテーションの基盤となるものであった。興味深い点は，感染症が病原性微生物によるものとの理解ではなく，瘴気論に基づき，この概念が提唱されたということである。チャドウィックの努力により1848年には公衆衛生法（The Public Health Act）が成立し，ロンドンには中央衛生委員会（General Board of Health）が設立され，チャドウィックはそのメンバーとして多くの都市に公衆衛生法を適用した。その後，衛生改革者らに対する反対派の運動により1854年には中央衛生委員会は解散し，チャドウィックはその地位を失うが，衛生改革運動は新しい機関によって継続された。チャドウィックはその後もトイレの水洗化，下水道，都市の排水，ゴミ処理に関する規制などを推し進め，近代的なサニテーションの実現に大きな貢献をもたらした。ただし，これにより都市から排除された下水による河川の汚染という新たなサニテーションの問題が生まれることとなった。

（2）　衛生による統治の誕生

チャドウィックをはじめとした衛生改革者たちは，国力の基盤を国民の健康として位置づけ，健康の向上を国家の義務とし，そのために国家が強力な権限をもち，人々の自由や所有権を制限することも必要であると主張した（西迫 2018）。こうした考え方から，都市におけるミアズマの温床であるスラムや不衛生住宅を一掃するという発想が生まれた。実際に1875年に成立した公衆衛生法では，都市の家屋建設の要件を厳しく定め，下水設備の設置を義務づけるとともに，衛生委員会の委員に家屋内への立ち入り権限を与え，不衛生な住居の取り壊しや住民の強制収容，屠畜場や皮なめし業などの業種の取り締まりなどの措置を下す権限を与えていた。このような措置は，法のもとでの個人の自由を侵害する行為ともいえ，公衆衛生のための介入が個人の自由と場合によっては相反するという問題の起源をここにみてとることもできるだろう。

衛生とは両義性をもつものである。ひとつには，病を減少させ，命を衛るものとしての衛生であり，もうひとつには，人々を集団である人口の一部として捉えることでその全体を管理，制御し，人口の質，ひいては国力を高める統治の方法としての衛生である。この考えのもとでは，人口全体としての質の向上のために，一部の人々は制約を受けることになる。こうして，衛生のためのサニテーションの概念が確立するとともに，統治のための衛生の一部としてのサニテーションも形づくられていった。衛生による疾病の予防効果についての理解は広まった一方で，衛生統治への懸念はすぐさま議論になった。とくにフランスでは衛生と自由の対立は顕著であった。強制力の強い公衆衛生法の必要性は1880年代から指摘されてきたが，自由を制限する強制力に対する慎重な態度から，複数の法案が提出されるも，いずれも成立しなかった。十数年もの検討を経て，細菌学や統計によって感染に関する新たな知見が提示されることにより，衛生が次第に私的な事項から公的な事項へと移行し，ようやく1901年に公衆衛生法が成立した。

(3)　ミアズマから微生物へ

ミアズマにより病に感染するという理解は，次第に微生物により病に感染するという理解に移行していく。その狭間の時代に活躍したのが，イギリスの麻酔科医で近代疫学の父といわれたジョン・スノウ(John Snow)である(Vinten-Johansen et al. 2019)(図5)。スノウの生きていた19世紀前半から中頃は，多くの人は井戸につながった近所のポンプで水を汲んでいたが，次第に民間の水道会社が個別の住居に直接水を供給するようになっていた。水道会社の多くは河川水をその水源としていたが，テムズ川あるいはその支流を水源とする水道水は汚染されていることが多かった。チャドウィックなどの衛生改革者らによって，水洗トイレが次第に普及するようになり，汚水溜が使われなくなっていった。このような下水道の整備とともに，都市からの大量の下水が河川に流入するようになっていた。しかし一方で，瘴気論者である衛生改革者らは，下水が河川水によって薄まり臭いがなくなれば，無害になると考えていた。

麻酔科医であるスノウは，吸入ガスの麻酔のメカニズムの研究から，環境

図5　ジョン・スノウ(出典：Wikipedia Commons より)

中に広がったガスとしてのミアズマだけではコレラのような特異的な疾病は起きず，コレラは水の細菌汚染による糞口感染で生じると考えていた。スノウはイギリス国内の街から証拠を集め，コレラ流行における死亡率を調べた。とくに，異なる水道水源を使う民間水道会社2社が水道水を供給する南ロンドンの31分区(イギリスの行政区分)において，死亡率を水道会社別に詳細に調べ，飲料水の性質こそが死亡率に影響を与えるとの証拠を示した(南ロンドン研究)。これは，都市レベルでのコレラ流行の全体像を公共水道との関係から明らかにしたものであり，当時としては画期的な研究であった。

スノウの業績で最も有名なのは，上記の都市レベルでのコレラ流行原因の詳細調査ではなく，コミュニティレベルでのコレラ流行に関する業績だろう(Snow 1855)。1854年8月31日，ロンドンの上流階級の住宅街が周りに広がるゴールデンスクエア周辺でコレラの流行が始まった。このときスノウは南ロンドン研究に取り組んでいたが，9月3日には，限られた場所に突然のコレラの大発生が起きたことなどから，ゴールデンスクエアで最も有名なブロード街のポンプを疑った。9月5日にはコレラ死者の住所リストを手に入れ，コレラ感染者のほとんどがブロード街のポンプの井戸水を飲んでいたこ

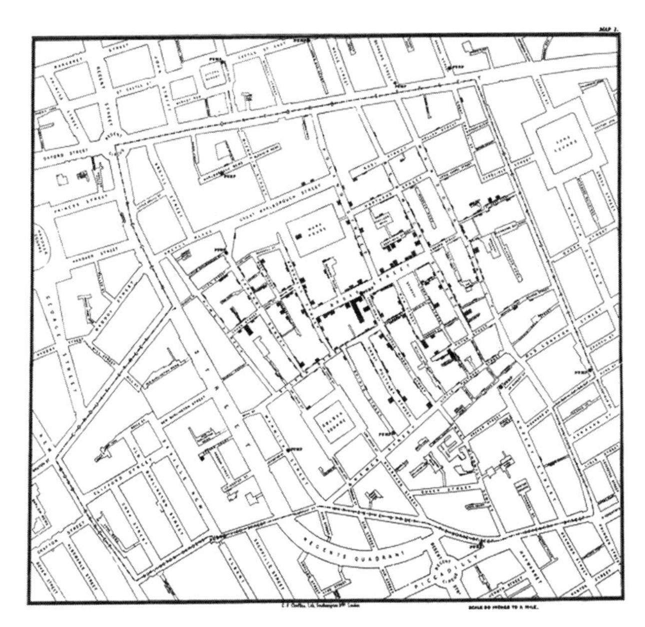

図6　ジョン・スノウによるブロード街のコレラ死者数を示す地図。黒い長方形が死者の分布を示す。(出典：ジョン・スノウ(1854)，Wikipedia Commons より)

とを突き止め，このポンプの井戸水をコレラ流行の原因と特定した(図6)。瘴気論者が多いなか，無臭で清澄にみえた井戸水を介してコレラが糞口感染したとの主張はすぐには受け入れられなかったが，9月7日にはポンプの柄を取り外すことに成功し，流行は収束した。その後のコレラ調査委員会の調査により，ブロード街において下痢，おそらくはコレラで死亡した赤ん坊のおむつを浸水していたバケツの水が汚水溜に捨てられ，この汚水溜の造りの不備から，おむつの汚れを含む下水がポンプの下にある井戸水を汚染していたことが確認された。

コレラ菌はイタリア人のフィリッポ・パチーニ(Filippo Pacini)が1854年に発見していた。しかし世間には広く伝わらず，ロベルト・コッホ(Rovert Koch)が再発見して世に広く知れわたるのが1883年である(竹田・神中1984)。瘴気論者の衛生改革者が権力をもち，コレラ菌が世に知れわたる約30年前に，スノウは現在でいう疫学的手法でコレラ流行の原因を特定し，有効な対策を打ち出した。こうしたスノウの活躍をはじめとした感染症の原因の解明とともに，病原性微生物自体の発見などから，感染症と微生物の理解が進むことになる。

3　環境衛生のためのサニテーションの成立

19世紀末頃になると，相次いで細菌性感染症の原因が確立される。さらに，微生物に関する知識は浄水処理や下水処理などの分野にも応用され(Welch 1945)，サニテーションの概念はさらなる発展を遂げる。以下，いくつかの処理における顕著な発展を振り返りながら，サニテーションの新たな概念の誕生について述べる。

処理技術の発展については，水道の浄水処理ではあるが，ミルズ・ラインケ(Mills-Reincke)現象は特筆すべき事柄であろう(Sedgwick & Macnutt 1910)。1892年，ドイツのエルベ川から取水していた左岸のハンブルグ市と右岸のアルトナ市でコレラの流行があった。この流行によって，エルベ川の水をほぼ未処理で配水していたハンブルグ市では死者数が計8600人(1万人当たり134.4人)にのぼる一方で，緩速ろ過(Slow sand filtration)[4]をおこなった水を配水していたアルトナ市の死者数は計300人(1万人当たり23人)にとどまっていた。さらにアルトナ市の患者の多くはハンブルグ市に勤務するなどで同市にて罹患したと考えられた人々だった。ヨハン・ユリウス・ラインケ(Johann Julius Reincke)によって1893年にハンブルグ市でもろ過が導入された結果，疾病罹患予防に顕著な効果がみられた。同時期，米国のハイラム・F・ミルズ(Hiram F. Mills)はマサチューセッツ州ローレンス市で未ろ過給水を砂ろ過給水に切り替え，腸チフスを著しく減少させた。この時代の浄化方法は消毒操作を含んでおらず現代の浄水処理からみれば十分な処理と

4)　ろ過池に砂を層状に敷き詰めて，1日数mのゆっくりとした速度で水をろ過させる処理技術。ろ過作用とともに砂表面に自然に形成される微生物膜によって有機物を分解することで水を処理する。

はいえないが，水中の菌数を大幅に減少させることは可能であったと考えられる。これらの2つの事例はその後の水道での浄水処理普及を推進する実証的背景となった。さらに，現在都市部の浄水処理として広く使用されている急速ろ過(Rapid sand filtration)[5]が1896年に米国ではじめて使用され，1900年代前半に先進国の都市部にて急速に普及した。

つぎに，サニテーションの技術および概念の発展について今一度みてみよう。古代文明の頃から汚水溜や腐敗槽においてし尿やトイレ排水が部分的に処理されていたといえるものの，長い間，管路で下水を集める集中型のサニテーションである下水道の目的は下水を生活の場から排除することであった。つまり，集中型のサニテーションは，生活の場を清潔にするためのサニテーションであった。これを基礎として，チャドウィックら衛生改革者が，人々の健康の維持・増進を目的とする衛生のためのサニテーションを推進した。しかしチャドウィックらの改革によって，19世紀中頃のテムズ川は生活の場から排除された下水の行き着く先となり，その水質は下水そのものに近くまで悪化し，魚などがみられない状態にあった。こうしたなか，土木工学技師であり，ロンドン下水道の父ともいわれるジョセフ・W・バザルゲット(Joseph William Bazalgette)によって1858年から1875年にバザルゲット下水道が建設された。この下水道はロンドンの地下に2万kmにわたって整備されたもので，下水をテムズ川に流入する前に遮集管で集め，下流に送り，満潮時に未処理で放流するものであった。これによりロンドンでのコレラの発生は激減するが，テムズ川の河口域は汚濁に悩まされることになった(齋藤 1998)。

ようやくこの頃からサニテーションは下水を排除するものから放流先の水環境のために下水を処理するものへと急速に変容する。換言すれば，生活の場，さらには衛生のためのサニテーションが，環境衛生のためのサニテーションへと変容する。当時の下水処理法であった灌漑法は，下水を農地に利

5)　ろ過池に砂，アンスラサイト，ガーネットなど，大きさの異なる砂礫の複数の層を形成し，1日に100 m超の速度でろ過させることで水を処理する処理技術。緩速ろ過と比べ，わずかな時間で多量の水を効率よく処理できる。

用することで処分するものであり，十分な用地があり環境容量（自然の浄化能力）の範囲内であれば，農業にも貢献する一定程度有効な処理法であった。しかし，下水道整備にともない大量の下水が発生するようになり，人口の増加も相まって用地の確保が難しくなったこともあり，灌漑法での処理は次第に困難となっていた。結局ロンドンの下水道では，1889年に沈殿法あるいは薬品による凝集を用いた沈殿法で下水を処理する施設が建設された。当時は微生物により水が浄化されるとの理解はされておらず，凝集沈殿法も化学反応によるものであった。

微生物による有機物の分解といった浄化作用が次第に理解されるようになり，19世紀末頃から，微生物を利用して排水を浄化する方法が生まれてくる。1892年には，池の中に粗い砂や砕石などを敷き詰めることで下水が触れる面積を増やし，表面に増殖する微生物による浄化作用を促進する接触ろ床法とも呼ばれる処理法をイギリスのウィリアム・J・ディブディン（William J. Dibdin）が考え出した。この方法は，生物による働きを下水処理に意図的に活用した下水の生物処理法の初めてのものともいわれ，現在の散水ろ床法[6)]のもととなった（Hamlin 1988）。1893年には，マンチェスター近郊で初めての散水ろ床法による下水処理場が設置され，この処理方式は1920年頃まで多くの都市での下水処理に利用された（Lofrano & Brown 2010）。

これとあわせて重要な出来事は，1912年に発表された「下水処理に関する王立委員会」の第8報告書の発表だろう。水中の有機物指標として，有機物の量をその有機物の酸化分解のために微生物が必要とする酸素の量として表す生物化学的酸素要求量（Biochemical Oxygen Demand；BOD）が導入された。これにより，下水に適用される水質基準や試験が確立され，下水処理の水質管理が可能になり，多くの国で模倣された。なお，BODは，5日間に水中の微生物が酸化分解する有機物の量を酸素当量で表すBOD_5が広く用いられているが，これはテムズ川を最長5日間で有機物が流下するとされた

6）　ろ床を用いた処理技術のひとつ。円形の構造物内に砕石などのろ材を充填させ，そのろ材表面に下水を散布し，ろ材の表面に生物膜を形成させ，この生物膜と下水を接触させることで，下水中の有機物を分解する。

ことに由来する。

1913年には活性汚泥法が開発された(International Water Association)。英国の技師であったエドワード・アンダーン(Edward Andern)とW. T. ロケット(W. T. Lockett)は，マンチェスターにおいて回分式処理槽に似た反応槽で下水の処理実験をおこない，下水を約1ヶ月連続して通水した槽により，新たな下水を高効率で処理できることを発見した。彼らはこの高効率の処理の要因を槽内での汚泥[7]の活性化によるものと考え，この汚泥を活性汚泥と名づけた。活性汚泥は端的には微生物が濃縮されたものである。高効率で下水の処理を実現できる活性汚泥法は，すでに散水ろ床法が広がっていたイギリスでは導入が遅れたが，米国では初めての下水処理として急速に採用された。活性汚泥法はその変法も含め，現在も下水処理の主要なプロセスとなっている。

振り返れば，生活の場のためのサニテーションにせよ，衛生のためのサニテーションにせよ，集中型のサニテーションは五千年ほどの間，一部で農業利用などはみられたものの，基本的に下水を排除するためのものであった。これが19世紀末頃に環境衛生のためのサニテーションとなり，それからわずか数十年の間に，現在も広く利用される処理技術が一気に開発されたのは驚くべきことである。一方で，集中型ではない分散型[8]あるいはオンサイト型[9]のサニテーションでは，インダス文明の汚水溜あるいは古代ギリシャ時代に原型が見られた腐敗槽が使われ続けており，後述する日本の浄化槽を除き，先進国においても下水道非整備地域では今も腐敗槽が広く使われている。現在まで数千年にわたりこれら技術に根本的な変化がみられていないのもまた驚くべきことである。

---

7)　水中の浮遊物質が沈殿あるいは浮上して泥状になったもの。上下水道での処理や建設工事の過程などで生じる泥状の物質に対して用いられる。

8)　後述するオンサイト型あるいは小規模の地域から下水管渠で下水あるいは汚水を集める方式。

9)　し尿や汚水の排出されるその場(家屋横や家の敷地内など)で処理などをする方式。

4　日本のサニテーションのあゆみ

(1)　日本におけるサニテーションの起源

日本におけるサニテーションの最初の遺構と考えられるものとしては，弥生時代(紀元前300～紀元300年)に集落の周りを溝でとりまいた環濠がある(国土交通省都市・地域整備局下水道部)。環濠の機能は複数考えられ，主要な機能は集落を守ることといわれるが，治水や用水，さらには排水のための水路としての機能をもっていたとも考えられている(出口1999；藤原2011)。より明確な痕跡が残るのは，8世紀の平城京である。そこでは網の目のように排水路が張りめぐらされていた。しかし，長い間，建物内にはトイレはなく，樋の箱やおまるといったもので用を済ませていたと考えられている。一方，安土桃山時代には大阪の城下町に下水道ができ(日本下水道協会)，江戸時代になるとより発展した下水道の遺構が多数残っている(江戸遺跡研究会編2011)。上述の欧米でのサニテーションの歴史と同様，下水道の起源は古いものの，長い間，下水道は下水，とくに生活雑排水を排除するためのものであり，一般市民のし尿の始末，あるいはその処理を担うものではなかった。

(2)　下肥の利用

日本のサニテーションでユニークなのは，下肥の農業利用だろう。ヨーロッパでも下水やし尿の農業利用は一部でみられ，チャドウィックもサニテーションの整備と関連したし尿の行き先として農業利用を考えていた(重森2007)。このようにヨーロッパにおいても下水やし尿はしばしば農業利用されていたものの，日本においてし尿の農業利用が高度な循環システムとして安定して長く継続したことは特筆に値する。下肥の利用がいつから始まったのかは明らかでないが，少なくとも中世末期頃にはし尿は農業利用されていた。江戸初期に日本の人口は1200万～1300万人となり，緑肥を主たる肥料とすると不足をきたすようになり，し尿の肥料利用が本格化した(NPO法人日本下水文化研究会屎尿研究分科会2003)。18世紀半ばには，都市のし尿は商品

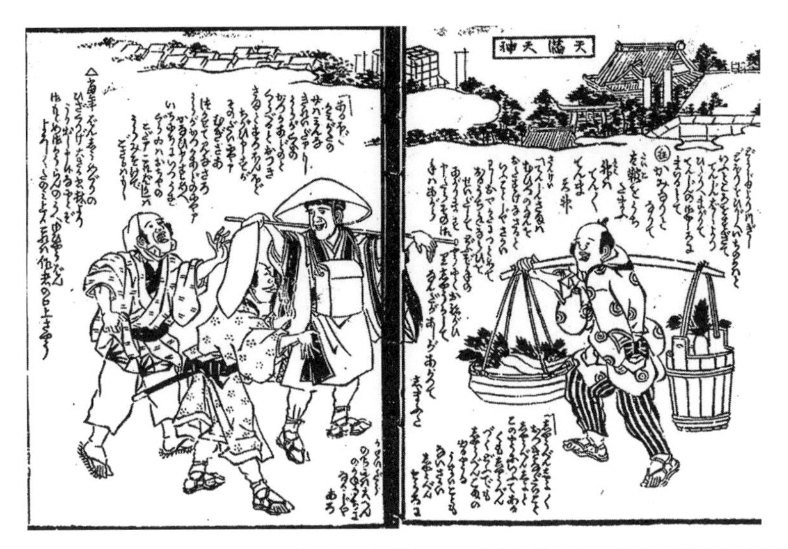

図7　大根と下肥を交換する農民(出典：十返舎一九『諸国道中金の草鞋』国立国会図書館デジタルコレクションより)

価値をもつものとして，高度な流通システムによって都市と農村の間でし尿を売買する仕組みが確立したとされる(荒武 2015)。江戸府内の人口は100万人程度となり江戸は当時の世界最大級の都市であったが，ヨーロッパの大都市がし尿やトイレ排水による汚染に苦労するなか，し尿の農業利用が活発で，汚染は大きな問題とはなっていなかった。それどころか，江戸の長屋の主人は借家人のし尿を集めて農家に売ることで稼ぎを得ていた(図7)。当時においても寄生虫感染の問題はあったであろうと考えられるものの，都市のし尿が貴重な資源として農家に回収されることにより，江戸には清流が流れていたといわれる(NPO法人日本下水文化研究会屎尿研究分科会 2003)。

(3)　日本における近代的なサニテーションの誕生

時代が明治に移っても，都市のし尿は農村に運搬され，農業利用されていた。このときも，し尿は肥料としての商品価値をもつことから，行政によって管理されず，汲み取り人と住民との間の私的な契約のもとで運搬されていた。一方で1900年(明治33年)には，日本で最初の廃棄物の法律である汚物掃除法が成立する。この背景として，1877年(明治10年)に代表される日本での一連のコレラの流行によって多数の死者が出たということがあげられる。当時の衛生関係の法律の成立過程は大変興味深い。伝染病予防法，海港検疫法，下水道法および汚物掃除法はいずれも当時の中央衛生会に諮問され，内務大臣への具申を経て，内閣によって帝国議会に提案され，成立した。しかし，伝染病予防法および海港検疫法が諮問から交付まで113日および121日しか要しなかったのに対して，下水道法および汚物掃除法は複数回の諮問・具申を経るなど複雑な経緯をたどり，それぞれ1170日および1168日と大幅に長い時間を要して成立している(溝入2007)。

上記2つの法律の成立が困難だった背景には，し尿と(し尿を水洗したあとに発生する)下水との間の複雑な関係がある。ゴミやし尿は明確に汚物掃除法の対象となったが，下水(とくにトイレ排水)については汚物掃除法と下水道法の双方の対象となった。この対象の範囲の違いは，全国に下水道を敷設するためには多額の資金と長い期間を要するため，主として大都市では下水を下水道法の適用の対象として処分することでサニテーションの改善を進めたのに対して，その他の地域ではし尿を汚物掃除法の対象として処分することでサニテーションの改善を進めたことによる。こうしたサニテーションの法体系の二重化と，所管関係の調整が，下水道法と汚物掃除法の成立を困難にした一因と考えられる(溝入2007)。また，汲み取りトイレで溜められたし尿は汚物掃除法の対象だが，水洗されたし尿は下水として区分され下水道法の対象となる。水洗前後でし尿と下水という2つの異なるものに区分され，それぞれ所管する法律が異なるという特殊性が，し尿に対する社会的な認識の多面性を示している。

くわえて，し尿は当時も依然として肥料としての価値をもつ商品であった。し尿の農業利用は明治以降も長く続き，第二次世界大戦末期から1955年(昭和30年)頃までは，食糧増産の目的で，東京の大量のし尿が鉄道で農村に運ばれていた。この状況下では，し尿は農家にとって単に農業に役立つものとしての位置づけにとどまらず，都市住民にとっては売却可能な商品であり，現金にせよ対価の農産物にせよ，し尿との交換で収益につながるものが得られた。そのため，汚物掃除法の検討過程においては，衛生のためにし尿を法律のもとで収集することが主張される一方，住民にとっては換金可能な商品であるし尿を行政が強制収集する，換言すれば住民の財を行政が強制徴収することに対する批判も展開された。結果として，汚物掃除法はし尿をその対象とするものの，当分の間，し尿の収集・処理を義務づけず，住民が農家と契約してし尿を売却する慣行を認めることとした(溝入 2007)。これらのし尿にまつわる特殊な諸事情が，下水道法と汚物掃除法の成立を複雑にしたと思われる。

このように日本におけるサニテーションを振り返ると，ヨーロッパでは基本的に排除の対象であったし尿が，日本では明確な経済的価値を生む財貨として法律上も扱われ，独特の法制度が設計されたことは興味深い。こうしたし尿をトイレにて落下させて貯留し，汲み取ることを基本とした日本のサニテーションは，オンサイト型のサニテーションの一種といえるが，ヨーロッパで始まり現在も含めて数千年にわたって使用され続けている汚水溜あるいは腐敗槽とは基本的な思想が異なるともいえる。日本では，生活の場を清潔にするサニテーションとして機能する一方，し尿を排除の対象とはせずに財貨として扱うことで始末をつける独特のサニテーションの概念が発達したといえる。ただし，これにともない，し尿由来の寄生虫が食物を通じて摂取され，寄生虫感染が広がるという事態が生じていたことも付記すべきであろう。

大正期(1912～26年)にもし尿の利用は続いていたが，次第に住民が汲み取り賃を業者に払う事例も生まれ始め，1930年(昭和5年)には汚物掃除法が改正され，し尿の取り扱いが自治体の義務となった。同時期には化学肥料の普及がみられ，大都市のし尿は海洋に投棄されるようになった。戦中・戦後，上述のように肥料が不足するなかで下肥利用が再び大規模におこなわれたものの，次第に化学肥料の普及で下肥が使用されなくなるなか，1954年(昭和29年)には汚物掃除法が廃止され，代わって清掃法が公布され，自治体による汲み取りし尿の処理およびし尿処理場の整備が本格化した(NPO法人日本下水文化研究会屎尿研究分科会 2003)。ここに，日本における汲み取りを基礎としたサニテーションも，し尿を財貨として扱う独特のサニテーションから，環境衛生のためのサニテーションに変容したといえる。

一方，日本でのヨーロッパ式の下水道導入については，少し時代をさかのぼる。1867年(慶応3年)にナポレオン三世がパリで第5回万国博覧会を主催した際に，友好関係にあった徳川幕府からも第15代将軍徳川慶喜の弟であった清水昭武を正使とし，若き時代の渋沢栄一も含む一行が派遣され，パリ市内の下水道を見学した記録が残されている。また，普仏戦争の直後，1872年(明治5年)には，岩倉具視を特命全権大使とし，伊藤博文らを含む岩倉使節団が再びパリの下水道を見学している。岩倉使節団はフランスに渡る前にイギリスでも下水道を見学している。バザルゲット下水道が完成する3年前のことである。このように，ヨーロッパの下水道の実情は明治初期にはわが国に伝えられていた(齋藤 1998)。

一方，横浜の外国人居留地においては，スコットランド生まれのイギリス人技師であり，明治政府最初のお雇い外国人であったリチャード・H・ブラントン(Richard Henry Brunton)により，早くも1871年(明治4年)に下水道が導入された。その後も拡張および改修され，1887年(明治20年)には居留地に下水道が整備された(横浜市環境創造局 2019)。一方，東京府下では，日本では「砂防の父」と称されるオランダの土木技師，ヨハネス・デ・レーケ(Johannis de Rijke)が1884年(明治17年)に神田下水を整備し，これが日本で最初の近代下水道といわれている(国土交通省都市・地域整備局下水道部)。1887年には，ロンドンの衛生保護協会の主任技師であったウィリアム・K・バルトン(William Kinnimond Burton)が来日した(丹保 1996)。バルトンは内務省衛生局の顧問技師であり，帝国大学工科大学(のちの東京大学工学部)で衛生工学の講座をもち，東京を含む複数の都市の上下水道の基本計画の策定などをおこない，日本の衛生工学の礎を築いた。上述のとおり，1900年(明治33年)には土地の清潔を保つことを目的として下水道法(旧下水道法)が交付され，明治期には東京，大阪，仙台，広島，名古屋の5都市で下水道事業が実施された(日本水環境学会 2021)。

ここまでは下水排除が主たる目的であった下水道であったが，1922年(大正11年)には，東京の三河島において日本初の下水処理場として散水ろ床法による処理が始まった(国土交通省都市・地域整備局下水道部)。マンチェスター近郊で初めての散水ろ床法が1893年(明治26年)に導入されてから29年後である。さらに，1913年(大正2年)にイギリスで開発された活性汚泥法は，早くも1930年(昭和5年)には名古屋で導入され，1940年(昭和15年)には約50都市で下水道事業が実施された。戦後の混乱期を経て，1958年(昭和33年)には，旧下水道法が全面改正され，都市の健全な発達と公衆衛生の向上に寄与することを目的とする現行の下水道法が制定され，下水道の普及が本格化した(日本水環境学会 2021)。こうして，日本における集中型サニテーションとしての下水道も，下水を排除するものから下水を処理し，汚染を制御するものへと変容した。

5　地球環境のためのサニテーションと新たな課題

汚染制御を目的とした環境衛生のためのサニテーションが，どのようにして地球環境のためのサニテーションへと変化していくのか，日本を例にみてみよう(日本水環境学会 2009；日本水環境学会 2021)。1950年代の急速な経済成長では，産業の重化学工業化が急速に進んだ。その裏では水質汚濁が進行し，1955年頃には隅田川は魚も棲めず，悪臭を放つドブ川になったという。同じ頃，水俣では，有機水銀を含む工場排水の水俣湾への排出にともなう水俣病が1956年に公式に発見された。1965年には，阿賀野川流域において新潟水俣病が発生し，大正時代から発生していたといわれる富山県の神通川下流域ではイタイイタイ病などを含め，公害が社会に広く認識されるようになる。これに対応し，1967年には公害対策基本法が制定された。1970年末の公害国会では，公害対策基本法の改正を含む14本の公害関係法の改正および整備がおこなわれ，水質汚濁防止法も制定され，排水の水質規制が強化された。同時に，下水道法が改正され，それまで「都市の健全な発達と公衆衛生の向上に寄与する」とされた目的に，「公共用水域の水質保全に資する」との目的が追加された。

一方，汲み取りトイレの水洗化の要望の高まりから，下水道整備に一定の期間を要する地域では，し尿のみを個別宅にて処理する単独処理浄化槽が1970年頃から広く普及する。しかし，単独処理浄化槽はトイレ排水以外の生活雑排水を処理しておらず，上述の水質汚濁防止法の制定による工場排水の排水規制の強化もあり，相対的に生活雑排水の水質汚濁への寄与度が高まった。これを受け，1980年代にはし尿に加え生活雑排水も処理する合併処理浄化槽が実用化される。あわせて，法律上は浄化槽に区分されるが，集落単位で下水を集める農業集落排水施設の建設も始まる。なお，浄化槽の汚泥は槽内に溜まるため，定期的に汲み取られる必要があるが，汲み取りし尿の処理用に整備されたし尿処理場において浄化槽汚泥をし尿とともに処理することができたことは，浄化槽が日本において独自の技術として高度に発達し，普及したひとつの特殊な要因である。

水質汚濁防止法などにより排水規制が進むなか，1970年代後半には湖沼の富栄養化にともなう利水障害が顕在化してきた。1982年には水中の植物プランクトンの増殖による水質悪化を防止するため，湖沼の窒素およびリンにかかわる環境基準が定められた。生活排水の処理ではながく有機汚濁の削減が求められていたが，これにともない窒素およびリンの削減も加えられることとなった。BODや浮遊物質量(SS)の除去と消毒を主としていた下水処理技術も次第に高度化し，窒素・リンの除去技術が生まれ，導入され始めていく。

1990年代になると，公害防止基本法に連なる法体系によって，産業公害は一定の改善がみられたものの，大都市を中心とした都市排水による水質汚濁など，都市・生活型公害は続いていた。こうしたなか，地球環境問題への関心が次第に高まり，1992年の環境と開発に関する国連会議(国連環境開発会議，地球サミット)を契機に地球環境問題は人類共通の課題と認識されるようになった。あわせて，1993年には環境基本法が制定される。こうしてわが国の環境対策は，汚濁除去・公害規制型の枠組みから，自然環境や地球環境を包含した，環境保全・管理型の枠組みのなかで取り組まれるようになるとともに，国際社会では「持続可能な開発」が提唱され，資源循環型社会の形成へと時代は展開することとなる。さらに2015年には，気候変動に関する国際的な枠組みとしてパリ協定が合意され，下水道をはじめとしたサニテーション分野においても温室効果ガスの排出抑制が重要な課題となるにいたった。

冒頭から述べたように，五千年ほどの間，大きな変化がみられなかったサニテーションは，1840年代頃に衛生と結びつけられ，1890年代初頭には環境衛生のためのサニテーションとなり，1990年頃からは地球環境の文脈で語られるようになった。2020年時点で，日本のサニテーションの種類別普及率は人口ベースで下水道が76.1%，浄化槽＋し尿処理場が19.3%，汲み取りトイレ＋し尿処理場が4.6%である(環境省環境再生・資源循環局 廃棄物適正処理推進課 2021)。いまや高度成長期に大量建設した下水道やし尿処理場といったサニテーション・インフラは老朽化し，地方部では人口減少が顕在化している。サニテーション・インフラの維持，さらには，近年激甚化する災害に対する対応も，サニテーション・インフラにとっての大きな課題となりつつある。

参考文献

荒武賢一郎(2015)『屎尿をめぐる近世社会――大阪地域の農村と都市』清文堂

江戸遺跡研究会編(2011)『江戸の上水道と下水道』吉川弘文館

NPO法人日本下水文化研究会屎尿研究分科会(2003)『トイレ考・屎尿考』技報堂出版

大森弘喜(2013)「1832年パリ・コレラと「不衛生住宅」」『成城大學經濟研究』202：147-232

加藤茂孝(2010)「第4回「ペスト」――中世ヨーロッパを揺るがせた大災禍」『モダンメディア』56：36-24

環境省環境再生・資源循環局 廃棄物適正処理推進課(2021)『日本の廃棄物処理』

国土交通省都市・地域整備局下水道部「下水道の歴史」https://www.mlit.go.jp/crd/city/sewerage/data/basic/rekisi.html. Accessed 21 Jul 2021

齋藤健次郎(1998)『物語 下水道の歴史』水道産業新聞社

重森臣広(2007)「エドウィン・チャドウィックと困窮および衛生問題」『政策科学』14：43-59

竹田美文・神中寛(1984)「Robert Kochによるコレラ菌発見100年」『日本細菌学雑誌』39：709-712. https://doi.org/10.3412/jsb.39.709

ダルモン，P. (2005)『人と細菌―― 17-19世紀』寺田光徳・田川光照訳. 藤原書店

丹保憲仁(1996)「環境衛生工学の回顧と展望」『土木学会論文集』No. 552/VII：1-10
出口勲(1999)「排水施設を持った大型住居」『発掘ニュース 37，リーフレット京都』No. 131．京都市埋蔵文化財研究所．京都
西迫大祐(2018)『感染症と法の社会史』新曜社
日本下水道協会「下水道の歴史」https://www.jswa.jp/suisuiland/1-4.html. Accessed 21 Jul 2021
日本水環境学会(2009)『日本の水環境行政改訂版』ぎょうせい
日本水環境学会(2021)『水環境の事典』朝倉出版
藤原哲(2011)「弥生社会における環濠集落の成立と展開」『総研大文化科学研究』7：59-81
ブランデイジ，A. (2002)『エドウィン・チャドウィック——福祉国家の開拓者』廣重準四郎・藤井透翻訳．ナカニシヤ出版
溝入茂(2007)『明治日本のごみ対策——汚物掃除法はどのようにして成立したか』リサイクル文化社
横浜市環境創造局(2019)「外国人居留地の下水道整備」https://www.city.yokohama.lg.jp/kurashi/machizukuri-kankyo/kasen-gesuido/gesuido/history/hajime/kyoryuchi.html. Accessed 13 Aug 2021
Boston University School of Public Health (2015) *A Brief History of Public Health*. BU Office of Teaching & Digital Learning 2015
Fiorelli, L. E., Ezcurra, M. D., Hechenleitner, E. M., Argañaraz, E., Taborda J. R. A., Trotteyn, M. J., von Baczko, M. B., & Desojo, J. B. (2013) The oldest known communal latrines provide evidence of gregarism in Triassic megaherbivores. *Scientific Reports*, 3: 3348. https://doi.org/10.1038/srep03348
Hamlin, C. (1988) William Dibdin and the Idea of Biological Sewage Treatment. *Technology and Culture*, 29: 189-218
International Water Association Activated Sludge Process. https://www.iwapublishing.com/news/activated-sludge-process. Accessed 30 Jul 2021
Leonard, K. M. (2001) Brief history of environmental engineering “the world’s second oldest profession.” In: *International Engineering History and Heritage*. pp 389-393
Lofrano, G., & Brown, J. (2010) Wastewater management through the ages: A history of mankind. Science of the Total Environment 408: 5254-5264
Sedgwick, W. T., & Macnutt, J. S. (1910) On the Mills-Reincke Phenomenon and Hazen’s Theorem concerning the Decrease in Mortality from Diseases Other than Typhoid Fever following the Purification of Public Water-Supplies. *The Journal of Infectious Diseases*, 7: 489-564. https://doi.org/10.1093/clinids/10.Supplement_2.17
Snow, J. (1855) *On the mode of communication of cholera*, Second edition. London
Vinten-Johansen, P., Brody, H., Paneth, N., Rachman, S., & Rip, M.(2019)『コレラ，クロロホルム，医の科学——近代疫学の創始者 ジョン・スノウ』井上栄訳．メディ

カル・サイエンス・インターナショナル
Welch, F. B. (1945) History of Sanitation. *The Sanitarian*, 8: 39–51
Winslow C.-E. A. (1920) THE UNTILLED FIELDS OF PUBLIC HEALTH. *Science*, 51: 23–33. https://doi.org/10.1126/science.51.1306.23

コラム　手洗い(手指衛生)の父
イグナーツ・ゼンメルワイス

原田英典

イグナーツ・フィリップ・ゼンメルワイス(Ignaz Philipp Semmelweis)(図1)は，手洗いの重要性が認識されていなかった19世紀にウィーン総合病院の第1産科病棟に勤務していた(佐藤 2006；玉城 2017)。1846年にゼンメルワイスが勤務を開始した頃，妊娠から分娩を経てそれ以前の妊娠していない状態に戻るまでの産褥の期間に，発熱し，死に至る産褥熱を発症する妊婦が多かった。しかし当時は感染症が微生物で引き起こされることはまだ明らかになっておらず，瘴気論が優勢の時代であった。医療従事者は内診や手術前に

図1　イグナーツ・フィリップ・ゼンメルワイス(出典：Jenő Doby(1860)による銅版画，Wikipedia Commons より)

手洗いを励行するという習慣はほとんどなく，産科病棟の隣では病理解剖のための解剖室があったが，解剖室で死体を解剖した後でも，手を十分に洗うことなく産科病棟で妊産婦の内診をするのが日常であった。

当時のウィーン総合病院には第1産科病棟および第2産科病棟があったが，1841～1846年の6年間の産褥熱の死亡率は，それぞれ9.9%および3.9%であり，第1産科病棟のほうがすべての年で死亡率が高かった。ゼンメルワイスはこの違いについて徹底して検討を重ねたが，第1産科病棟と第2産科病棟は実際には控室を挟んで分離されていただけであり，ミアズマ(瘴気)が一方の病棟にだけ蔓延しているとは考えにくかった。そうしたなか，同僚医師が解剖に使っていたナイフで自分の指を傷つけ，その数日後に妊産婦の産褥熱と同じような症状を示して敗血症で死亡した。ここから，死体の何らかの未知の物質が指の傷を通じて同僚医師に感染したとゼンメルワイスは考えた。さらに，妊産婦の産褥熱に対しては，病理解剖中に死体の何らかの未知の物質に触れて，汚れた手で妊産婦を診察する際にこの未知の物質が妊産婦の体内に侵入し産褥熱を招くとの仮説を得た。じつは第2産科病棟では解剖実習はおこなわれておらず，死体に触れることがなかったため，産褥熱による死亡率が低かったと思われる。

ゼンメルワイスは解剖実習後の手から死体の未知の物質を取り除くため，1847年より，最初は液体塩素，その後はより安価なさらし粉を使い，爪の中などもきれいにするために塩素水とブラシを使った徹底した手洗いを診察前におこなうことを医師や学生に求めた。これにより，第1産科病棟の産褥熱の死亡率は第2産科病棟と同程度まで減少した。しかし，こうした手洗いは，当時の医学界およびウィーン総合病院において歓迎されなかった。1849年には，ゼンメルワイスは任期切れということで解雇され，故郷のハンガリーに帰国したが，ブダペストにおいて同様に手洗いを推進し，産褥熱の防止に尽力した。しかしその後，精神病を発症し，47歳の若さで精神病院にて自らがその予防に尽力した敗血症で死亡した。その生涯を不遇の死で終えたものの，感染症が微生物によって引き起こされると理解されるより30年ほども前，ジョン・スノウとほぼ同時代に産褥熱の予防に成功し，その実践を進めるという偉大な業績を残した。産褥熱の病因は，1879年にルイ・パスツール（Luis Pasteur）が化膿連鎖球菌であることを発見したといわれている。

参考文献

佐藤裕（2006）「手術管理，感染対策――産褥熱の征圧に挑んだSemmelweissの悲劇」『臨床医学』61：808-809
玉城英彦（2017）『手洗いの疫学とゼンメルワイスの闘い』人間と歴史社

第2章　グローバル・サニテーションの取り組み

原田英典

はじめに

第1章では，サニテーションの概念が，し尿の排除，衛生，環境衛生そして地球環境のためのサニテーションへと発展してきたことを述べた。本章では，まず，低−中所得国を主たる対象とした1970年代からの国際開発の言説の変化，さらには地球サミット，ミレニアム開発目標(MDGs)，あるいは持続可能な開発目標(SDGs)などにおける水と衛生の変化とあわせ，サニテーションがどのように地球規模で取り組むべき課題としてのグローバル・サニテーションと位置づけられていったのかを詳述する。さらに，WHOとUNICEFによる共同モニタリングプログラム(JMP)における水と衛生の指標，および指標を用いた水と衛生の現状の解説をおこなう。最後に，現在の主要なサニテーション技術である下水道，腐敗槽，およびピットラトリンの課題を述べるとともに，施設の建設や運転管理の成立に注力しがちだったともいえるこれまでのサニテーションのアプローチとは異なるアプローチの必要性について言及する。

1　グローバル・イシューとなるサニテーション

(1)　人類共通の課題となるサニテーション

サニテーションが地球規模で取り組むべき課題(グローバル・イシュー)と

なっていった経緯をここでまとめておこう(Nakao et al. 2022)。人の健康を守るためのサニテーションの確立は，少なくとも半世紀以上前から，国際機関によってグローバルな開発の課題として提示されてきた。世界保健機関(WHO)となった国際連盟保健機関(League of Nations Health Organization)は，1930年代にはサニテーションの重要性を認識し，「農村」の住宅における適切なサニテーションの必要性を提唱していた(Borowy 2007)。サニテーションに関する現代の世界的な開発プログラムや言説の起源は，1970年代にまでさかのぼることができる。そしてその変化は成長と工業化を重視した近代化から貧困削減への国際開発に関する世界的な言説の変化と一致する(Gubser 2012)。この経済開発から人間開発への移行にともない，サニテーションへの関心が高まった。

1970年代，サニテーションは基本的人権やベーシック・ヒューマン・ニーズ(BHN)の一部となっていく(表1)。ストックホルム会議として知られる1972年の国連人間環境会議において発表された人間環境宣言(ストックホルム宣言)では，「自然のままの環境と人によって作られた環境は，共に人間の福祉，基本的人権ひいては，生存権そのものの享受のため基本的に重要」とされ，低-中所得国の人々は，「十分な食物，衣服，住居，教育，健康，サニテーション[1)]を欠く状態で，人間としての生活を維持する最低水準をはるかに下回る生活を続けている」と指摘されている(United Nations 1973；環境省)。さらにそこでは，アクションプランに向けた109の勧告がなされたが，それらの複数の勧告のなかで，住居，健康，水供給，廃棄物処理などとともに，サニテーションは優先的に取り組まれる課題のひとつとして繰り返し述べられている。

このような人間開発という視点は時代をくだるごとに発展し，それにともなってサニテーションは開発の重要な要素のひとつとなっていく。たとえば，現在ベーシック・ヒューマン・ニーズとされる概念のもとになるベーシック・ニーズの考えが1976年の国際労働機関(ILO)の世界雇用会議(World

1)　環境省の日本語訳では衛生とされている。原文はsanitationである。

表1　サニテーションにかかわる1970年代以降の主要な国際会議・計画

年	概要
1972	国連人間環境会議(ストックホルム会議) ・人間環境宣言(ストックホルム宣言)のなかで低-中所得国におけるサニテーションの欠如についての言及 ・勧告のなかで優先課題として繰り返し言及
1976	国際労働機関の世界雇用会議 ・ベーシック・ニーズ(のちのベーシック・ヒューマン・ニーズ)の概念の提示のなかで，必須のサービスとしてサニテーションに言及
1976	国連人間居住会議(UN-Habitat I) ・バンクーバー宣言で水の問題を指摘 ・会議の議事録において，各国政府が農村開発計画において水供給とサニテーションを考慮するよう勧告
1977	国連水会議 ・水に関する初の政府間国際会議 ・マル・デル・プラタ行動計画：勧告として，基本的なサニテーション施設を供給するための協調の必要性を言及。国際水衛生の10カ年を提言
1981-1990	国際飲料水供給とサニテーションの10カ年(国際水衛生の10カ年) ・1977年の国連水会議に基づく ・1990年までにすべての人々に安全な水とサニテーションを普及させることを目標
1992	環境と開発に関する国連会議(国連環境開発会議，地球サミット) ・持続可能な開発のためのグローバルな行動計画であるアジェンダ21を発表 ・第18章「淡水資源の質と供給の保護：水資源の開発，管理及び利用への統合的アプローチの適用」および第21章「固形廃棄物及び下水道関連問題の環境上適正な管理」をはじめ，サニテーション改善の重要性を繰り返し言及
2000	国連ミレニアム・サミットとミレニアム開発目標(MDGs) ・目標7「環境の持続可能性の確保」のターゲット7-Cとして，2015年までに飲料水とサニテーション施設にアクセスできない人口割合の半減を設定*
2015	持続可能な開発目標(SDGs) ・目標6「すべての人々に水とサニテーションへのアクセスと持続可能な管理を確保する」 ・ターゲット6.1および6.2として，2030年までに，すべての人々の飲料水，サニテーションおよび衛生行動へのアクセスの実現を設定

*ターゲット7-C自体は2000年に策定されたわけではない。策定の経緯についての詳細は表2を参照のこと。

Employment Conference)で提示された(International Labour Office 1976)。そこでは，ベーシック・ニーズの充足とは，家族が個人的に消費する最低限の要求である食糧，住居，衣類を満たすことであるとともに，必須のサービスとして，安全な飲料水，交通，保健，教育，さらにはサニテーションを利用できることとしている。このように，ベーシック・ヒューマン・ニーズの概念形成の最初期から，サニテーションはその重要な要素のひとつとして認識されていた。

また，同じく1976年にカナダのバンクーバーで開催された国連人間居住会議(UN-Habitat I)で採択されたバンクーバー宣言では，食糧，教育，保健サービス，住居，環境衛生(environmental hygiene)と水の問題が指摘された。くわえて，国家レベルでの居住計画については，健康と生存に不可欠な要素として，とくに清浄で安全な水，清浄な空気，食糧の提供を考慮するように勧告している。一方，サニテーションは直接的には宣言内には含まれなかったが，同会議の議事録において，各国政府が農村開発計画において水供給とサニテーションを考慮するよう勧告されている(United Nations 1976)。

(2)　マル・デル・プラタ行動計画と地球サミット・アジェンダ21

UN-Habitat Iにおける勧告を実施するために1977年にマル・デル・プラタで開催された国連水会議では，サニテーションは飲料水供給と同等に扱われ，マル・デル・プラタ行動計画が採択された。この行動計画では1980年から1990年を「国際飲料水供給とサニテーションの10カ年」(以下，国際水衛生の10カ年)とし，衛生的，社会的，経済的条件を考慮して各国が設定する特定の目標に基づいて，すべての都市および農村コミュニティに対して，信頼できる飲料水の供給を確保し，基本的なサニテーション施設を供給するために各国および国際社会が協調して努力することが必要であるとの勧告が出された(United Nations 1977)。その後，1980年11月の国連総会において1981年から1990年を国際水衛生の10カ年とすることが承認された。

各国および国際機関，民間セクター，非政府組織による努力のもと，この10年間に都市部では飲料水供給の普及率が77%から82%，サニテーションの普及率が69%から72%に，農村部では飲料水供給の普及率が30%から63%，サニテーションの普及率が37%から49%に上昇したと推定されている(UN. Secretary-General 1990)。一方で，同じ10年間に，飲料水供給が普及していない人口は都市部では2.1億から2.4億に，農村部では16.1億から9.9億に変化し，サニテーションが普及していない人口は都市部では2.9億から

3.8億に，農村部では14.4億から13.6億に変化したと推定されている。農村部での飲料水供給以外は，非普及人口はほぼ横ばいあるいは増加しているが，これは，飲料水供給あるいはサニテーションが普及していない地域における人口の増加によるものとされる。

1990年代に入ると，世界の開発と環境に関する言説の領域で，サニテーションがさらに注目されるようになる。1990年，国連開発計画(UNDP)の「人間開発報告書」が創刊され，そのなかで，貧困を生み出す「環境」の一部として「劣悪なサニテーション」が捉えられ，貧困を強化するものであると明記された(United Nations Development Programme 1990)。第1回国連人間環境会議から20年を経た1992年，リオデジャネイロで開催された環境と開発に関する国連会議(国連環境開発会議，地球サミット)では，持続可能な開発のためのグローバルな行動計画であるアジェンダ21(United Nations 1993)が発表された。アジェンダ21は，前文を含み40の章で構成され，社会的・経済的側面，開発資源の保護と管理，主たるグループの役割強化，および実施手段の4つのセクションに分けられるきわめて詳細な行動計画である。

サニテーションは複数の章で言及されている。とくに，「第18章　淡水資源の質と供給の保護：水資源の開発，管理及び利用への統合的アプローチの適用」および「第21章　固形廃棄物及び下水道関連問題の環境上適正な管理」ではその改善の重要性が繰り返し述べられている。たとえば第18章では，その目標として，制度改革とあらゆるレベルでの女性の参加，コミュニティにおける水供給とサニテーション・サービスの管理，適正技術の普及による財政の健全化，2000年までに全都市住民に対して一人1日当たり少なくとも40Lの安全な水へのアクセスの確保，都市住民の75%へのオンサイトあるいはコミュニティレベルのサニテーションの供給などが定められている。また，第21章では，2000年までに廃棄物による汚染影響を監視する能力の確立，2025年までにすべての下水・廃水・固形廃棄物のガイドラインに準拠した処理，2025年までにすべての農村におけるサニテーションの普及などが記されている。このように，マル・デル・プラタ行動計画およびアジェンダ21の2つの計画により，グローバルな目標群のなかにサニテーションが位置づけられるとともに，その具体的な目標が多様な観点から明記されることとなった。

(3)　ミレニアム開発目標(MDGs)におけるサニテーション

2000年9月，ニューヨークで開催された国連ミレニアム・サミットには189カ国が参加し，国際社会が協調して取り組む7つのテーマがミレニアム宣言(Millennium Declaration)としてまとめられた(United Nations 2000)。この宣言と，1990年代に採択されたさまざまな国際目標をあわせ，21世紀の国際社会の目標として策定されたのがミレニアム開発目標(Millennium Development Goals；MDGs)である。MDGsは，8つの「目標(Goal)」，目標より下位の「ターゲット(Target)」，そしてターゲットの進捗状況の評価のための「指標(Indicator)」により構成され，サニテーションに関する内容は目標7「環境の持続可能性の確保」に含まれている。

ところで，このMDGsだが，2000年時点でその内容が確定していたわけではなかった。飲料水供給との比較でサニテーションの位置づけがどのように変わったのかをみていこう(表2)。飲料水の目標は，すでに2000年のミレニアム宣言において，具体的な目標が定められていた。しかし一方で，ミレニアム宣言自体にはサニテーションについての目標は記載されていない。2001年にミレニアム宣言の実施のためのロードマップを示した国連総会の報告書のなかで，MDGsは8の目標，18のターゲットおよび48の指標としてまとめられた(United Nations 2001)。なお，この報告書の時点では，飲料水供給およびサニテーションがともに目標7に含まれたが，さらに詳細な検討が必要であると付記されている。

この初期のMDGsでは，飲料水については，ターゲット10および指標29として定められ，2015年までに安全な飲料水に持続的にアクセスできない人々の割合を半減させることが記載された(半減の基準年は1990年)。一方，サニテーションに関しては，飲料水とは独立して，スラムの住居改善についてのターゲット11のなかで言及され，このターゲットの指標のひとつ

表2　飲料水およびサニテーションに直接関連するMDGsの項目内容の変遷

時期	飲料水およびサニテーションに直接関連する記載
ミレニアム宣言(2000)	・2015年までに安全な飲料水を物理的に手に入れることができない，あるいは経済的に手に入れることができない人々の割合を半減させる ・サニテーションについての記載はなし
MDGs(2001)	・ターゲット10：2015年までに，安全な飲料水に持続的にアクセスできない人々の割合を半減させる 指標29：改善された水源に持続的にアクセスできる人々の割合 ・ターゲット11：2020年までに，少なくとも1億人のスラム住民の生活の有意な改善を達成する 指標30：改善されたサニテーションにアクセスできる人々の割合 指標31：安定した住居にアクセスできる人々の割合
MDGs(2003)	・ターゲット10：2015年までに，安全な飲料水と基礎的なサニテーションに持続的にアクセスできない人々の割合を半減させる 指標30：改善された水源への持続的なアクセス 指標31：改善されたサニテーションへのアクセス ・ターゲット11：2020年までに，少なくとも1億人のスラム住民の生活の有意な改善を達成する 指標32：安定した住居にアクセスできる世帯
MDGs(2007-)	・ターゲット7-C：2015年までに，安全な飲料水と基礎的なサニテーションに持続的にアクセスできない人々の割合を半減させる 指標7.8：改善された水源を利用する人口の割合 指標7.9：改善されたサニテーション施設を利用する人口の割合 ・ターゲット7-D：2020年までに，少なくとも1億人のスラム住民の生活の有意な改善を達成する 指標7.10：スラムに住む都市人口の割合* *スラムに住む人口の割合は，都市人口のなかで，下記の少なくとも1つに合致する世帯の人口を近似値としている：(a)改善された水供給へのアクセスの欠如，(b)改善されたサニテーションへのアクセスの欠如，(c)過密状態(1部屋に3人あるいはそれ以上)，および(d)耐久性のない素材で作られた家屋

注：半減や改善の基準年は1990年である。

である指標30として，「改善されたサニテーション」[2)]にアクセスできる人々の割合が採用された。さらにこの指標に基づく都市・農村別集計は，スラム居住者の生活改善をモニタリングするのに適している旨が付記されている。つまり，当初，サニテーションは都市スラムの生活改善の文脈に位置づ

2)　以下，「改善されたサニテーション(施設)」あるいは「改善された水源」などの用語が出てくるが，その定義については，次節2において詳述する。

けられ，飲料水とは別のターゲットとして設定されていた。

MDGsにおける飲料水とサニテーションのこの位置づけは，2003年に大きく変更されることになる。その背景には，1992年のリオの地球サミットから10年の折にヨハネスブルグで開催された持続可能な開発に関する世界首脳会議(Rio+10, World Summit on Sustainable Development；WSSD, 第2回地球サミット)におけるヨハネスブルグ宣言がある(United Nations 2002)。ミレニアム宣言と異なり，ヨハネスブルグ宣言ではサニテーションは多数言及されるようになり，都市のみならず農村でのサニテーション・サービスの改善が求められるようになった。ほかにも，家庭レベルでの効率的なサニテーション・システムの開発と実装，公共施設，とくに学校でのサニテーションの改善，安全な衛生行動実践(hygiene practice)の促進，行動変容のための子どもにフォーカスした教育と支援，経済的に利用可能で社会的および文化的に受容可能な技術と実践，財政およびパートナーシップの仕組みの革新，サニテーションの水資源管理戦略への統合などが宣言に含まれ，サニテーションの位置づけは大きく向上した。これを受け，2003年時点のMDGsでは，サニテーションは都市スラムでの課題から農村を含むグローバルな課題となった。また，飲料水とサニテーションは並列に扱われることとなり，新たなターゲット10では，2015年までに安全な飲料水と基礎的なサニテーションに持続的にアクセスできない人々の割合を半減させることが設定された(半減の基準年は1990年)。つまり，2001年段階ではスラム住民の生活改善を目標としたターゲット11に位置づけられていたサニテーションは，2003年には飲料水と同じくターゲット10に位置づけなおされることになったのである。

MDGsの枠組み自体は2007年に更新され，8つの目標は維持されつつも，ターゲットと指標は21のターゲットと60の指標として再編されることとなった。飲料水供給とサニテーションのターゲットおよび指標は，目標7のもと，ターゲット7-Cの指標7.8と7.9として新たな番号が振り分けられたが，その位置づけ自体には大きな変化はなかった。ただし，サニテーションの指標は，「サニテーションにアクセスできる人口」から「サニテーション施設を利用する人口」に変わっている。指標の定義に「施設」が入った意味については，飲料水供給とサニテーションのモニタリングに関する次節において述べる。このように，飲料水は当初よりグローバルな課題として明確に国際目標に取り入れられていたものの，サニテーションの位置づけはミレニアム宣言，Rio+10などでの国際的な議論を経て，次第に都市スラムの問題から農村を含む課題へとその範囲が広がり，グローバルな課題として水供給と並列して位置づけられるようになっていった。

(4)　持続可能な開発目標(SDGs)におけるサニテーション

2015年に発表された国連ミレニアム開発目標報告(国際連合広報センター2015)では，MDGsへの取り組みは史上最も成功した貧困撲滅運動とされた。未就学児の削減では画期的な成功を収め，不安定な雇用形態を著しく減少させ，幼児死亡率の削減に最大の成功を収めたことなど，さまざまな成果が強調された。たとえば，低-中所得国における極度の貧困のなかに暮らす(1日1ドル25セント未満で暮らす)人々の割合は，1990年の47%から14%に減少し，初等教育就学率も2000年の83%から91%に改善され，2015年時点ですでに目標達成済みまたは達成目途がたっていた。

飲料水とサニテーションについて定めた目標7のターゲット7-Cは，安全な飲料水と基礎的なサニテーションを持続的に利用できない人々の割合を，2015年までに1990年比で半減することを目標としていた。飲料水の目標は2015年よりも早く2000年時点で達成され，改善された水源を利用できない人々の割合を1990年の24%から2015年には9%にまで減少させることができた。この間に，じつに26億人が改善された水源を新たに利用できるようになった。

一方，改善されたサニテーション施設を利用できない人口割合は1990年に46%であったが，2015年時点で32%であり，サニテーションの目標は達成できなかった。1990年から2015年の間に改善されたサニテーション施設を利用できる人口は21億人増えたものの，2015年時点で24億人がこれらの施設を利用できていない。なぜこれほど利用人口が増えたのに目標を達成できなかったのだろうか。端的にいえば，改善されたサニテーション施設を利用できない人が多い地域（アジアやアフリカなど）において，人口が増加したのだ。

このように，MDGsは一定の成功を収めたものの，多くの課題も残した。さらなる目標達成に向け，国連はすでに2012年7月には2015年を目標年とするMDGsのその後，ポストMDGsに関するハイレベル・パネルを立ち上げ，非政府組織や民間セクターを含めたさまざまなステークホルダーを巻き込んで国別やテーマ別に協議を始めている。こうして，MDGsを引き継ぎ発展させて，2030年までの目標として持続可能な開発目標（Sustainable Development Goals；SDGs）が設定された。

SDGsそのものについての詳細な説明は省略するが，ここでは，飲料水とサニテーションについてどのような目標の変化があったのかをみていこう（原田2019）。まず，MDGsでは目標7「環境の持続可能性の確保」のなかで，環境資源の回復（ターゲット7-A），生物多様性（7-B），およびスラムの改善（7-D）とともに，ターゲット7-Cとして位置づけられていた飲料水とサニテーションは，SDGsでは目標6として独立した目標（SDG 6）に格上げされ，いくつかの大きな変化を遂げた。SDG 6の概要を表3に示す。

大きな変化のひとつは，対象範囲の拡張である。飲料水（6.1）とサニテーション（6.2）に加え，衛生行動（hygiene）（6.2）が含まれた。飲料水，サニテーション，および衛生行動は，一体的に取り組むことが重要であるとかねてより言われており，これらをあわせてWASH（Water, Sanitation and Hygiene，水と衛生）と一般的に呼ばれている。MDGsでは衛生行動が明記されることはなかったが，SDGsにおいてWASHの3要素は同一の目標下におかれることとなった。さらに，MDG 7-Cを引き継いだSDG 6.1および6.2に加え，排水処理と水質の改善（6.3），水利用効率の改善と持続的な取水（6.4），統合的水資源管理の推進（6.5），水に関連する生態系の保護・回復（6.6），さらに実施手段として，国際協力と能力構築支援（6.a）および地域コミュニティの参加支援・強化（6.b）がつけくわえられた。つまり，MDG 7-Cと比較すると，SDG 6ではWASHについてのより包括的な目標が設定され

表3　SDGsの目標6のターゲットおよび指標

目標6：すべての人々に水とサニテーションへのアクセスと持続可能な管理を確保する

・**ターゲット6.1**
2030年までに，すべての人々の，安全で安価な飲料水の普遍的かつ衡平なアクセスを達成する。
　指標6.1.1：安全に管理された飲料水サービスを利用する人口の割合

・**ターゲット6.2**
2030年までに，すべての人々の，適切かつ衡平なサニテーションおよび衛生行動へのアクセスを達成し，野外での排泄をなくす。女性および女子，ならびに脆弱な立場にある人々のニーズに特に注意を向ける。
　指標6.2.1：(a)安全に管理されたサニテーション・サービスを利用する人口の割合，(b)石けんおよび水のある手洗い施設を利用する人口の割合

・**ターゲット6.3**
2030年までに，汚染の減少，有害な化学物質や物質の投棄削減と最小限の排出，未処理の下水の割合半減，およびリサイクルと安全な再利用を世界全体で大幅に増加させることにより，水質を改善する。
　指標6.3.1：安全に処理された家庭排水および産業排水の割合
　指標6.3.2：良質な水質を持つ水域の割合

・**ターゲット6.4**
2030年までに，全セクターにおいて水の利用効率を大幅に改善し，淡水の持続可能な採取および供給を確保し水不足に対処するとともに，水不足に悩む人々の数を大幅に減少させる。
　指標6.4.1：水の利用効率の経時変化
　指標6.4.2：水ストレスレベル：淡水資源量に占める淡水採取量の割合

・**ターゲット6.5**
2030年までに，国境を越えた適切な協力を含む，あらゆるレベルでの統合的水資源管理を実施する。
　指標6.5.1：統合的水資源管理(IWRM)の度合い
　指標6.5.2：水資源協力のための運営協定がある越境流域の割合

・**ターゲット6.6**
2020年までに，山地，森林，湿地，河川，帯水層，湖沼などの水に関連する生態系の保護・回復を行う。
　指標6.6.1：水関連生態系範囲の経時変化

・**ターゲット6.a**
2030年までに，集水，海水淡水化，水の効率的利用，排水処理，リサイクル・再利用技術など，開発途上国における水およびサニテーション関連分野での活動や計画を対象とした国際協力と能力構築支援を拡大する。
　指標6.a.1：政府調整支出計画の一部である水およびサニテーション関連のODAの総量

・**ターゲット6.b**
水およびサニテーションにかかわる分野の管理向上への地域コミュニティの参加を支援・強化する。
　指標6.b.1：水およびサニテーションの管理への地方コミュニティの参加のために制定し，運営されている政策および手続のある地方公共団体の割合

注：United Nations (2015)を参照して外務省(2015)から筆者が一部修正。

ることとなった。

2つ目は，よりチャレンジングなターゲットの設定である。MDG 7-C では，改善された水源と改善されたサニテーション施設を利用できない人口割合の半減が目標とされたが，SDG 6.1 および 6.2 では，**すべての人々**に対する安全な飲料水と，適切かつ衡平なサニテーションと衛生行動の実現が目標とされた。上述のように，サニテーションの MDGs の目標は達成されず，つまり，半減すらできなかったのであるが，SDGs では飲料水に加えてサニテーションもすべての人々に普及させるという目標を設定している。とくにサニテーションについて，これはきわめてチャレンジングな目標である。

3つ目は，目標・ターゲットの達成度管理に用いられる指標の進化である。MDGs の指標 7.8 および 7.9 では，改善された水源および改善されたサニテーション施設の普及状況が指標とされたが，SDGs の指標 6.1.1 および 6.2.1 では，それぞれ，安全に管理された飲料水サービス人口および安全に管理されたサニテーション・サービス人口を指標としている。つまり，MDGs では水源あるいは施設といったモノを指標の対象としていたが，SDGs ではそれらに加え，サービスの質を指標の対象としている。具体的には，汚染されていない水を必要なときに使えるか，し尿を隔離するだけではなく処理・処分できるかといったことが，水とサニテーションの改善の評価に組み込まれることになったのである。

4つ目は，不平等への配慮である。サニテーションに限らず MDGs における批判のひとつは，指標とされた普及率などの数値を上げることが優先されていたということである。効率よく改善できる人々に対しては積極的に取り組みがなされ，より困難な立場にある人々が見過ごされる傾向にあった。MDG 7-C では，水源やサニテーション施設に持続的にアクセスできない人々の割合を減らすことのみがターゲットとして取り上げられていたが，上記の MDGs での傾向を踏まえ，SDG 6.1 および 6.2 では，普遍的かつ衡平なアクセス(6.1)や，女性や女子，脆弱な立場にある人々への特別な配慮(6.2)が明記されることとなった。

このように，SDGs におけるサニテーションは，MDGs よりも対象範囲が拡張され，すべての人々への普及が目標とされ，指標の対象には施設の普及に加えサービスの質が含まれるようになり，社会的な包摂にまで配慮されるようになった。

2　グローバルなサニテーションの指標と現在の到達点

(1)　改善された水源およびサニテーション施設

ここまで国際目標としてのサニテーションの位置づけがどのように変化してきたのかをみるなかで，サニテーションの普及状況を述べてきた。そのうえでここでは，サニテーションをどのように評価し，その普及状況をどのようにモニタリングしてきたのかを，飲料水および衛生習慣とともに今一度みてみよう。

1981～1990年の国際水衛生の10カ年の終了後，WHOなどから国レベルでの飲料水およびサニテーションのモニタリング強化の必要性が指摘され，WHOと国連児童基金(UNICEF)は1990年に共同モニタリングプログラム(Joint Monitoring Programme；JMP)を開始した(WHO/UNICEF Joint Monitoring Programme 1992)。その後，JMPのデータはMDGsの飲料水およびサニテーションの進捗評価に用いられるとともに，SDGsにあわせて衛生行動がモニタリング項目に加わった。これらのグローバルな普及状況についての継続的な調査がJMPによっておこなわれ，その結果がインターネット上で公開されている。

JMPに基づく飲料水とサニテーションの普及状況データを詳しく理解するには，「改善された水源」，および「改善されたサニテーション施設」とは何かを理解する必要がある(WHO/UNICEF 2018)。「改善された水源」とは，「そのデザインと建設物が本質的に安全な飲料水を供給しうる水源」とされ，管路で給水をする水道，管井(Borehole, Tubewell)(図1)，保護された素掘り井戸，保護された湧水や雨水などを含む。たとえば，蓋がされていない素掘り井戸は保護されておらず，改善されていない水源となる。

図1　バングラデシュの管井(Tubewell)。金属管が地中深くに挿入されており，ハンドポンプで汲み上げる。(撮影者：原田英典)

一方,「改善されたサニテーション施設」とは,「人間のし尿を衛生的に人間の接触から隔離できるようにデザインされた施設」とされる。水を使ったサニテーション技術としては，下水路・腐敗槽(セプティックタンクとも呼ばれる簡易の沈殿槽)あるいはピットラトリン(竪穴トイレ)に接続された水流式および注水式の水洗トイレが含まれている。水を使わないサニテーション技術としては，スラブ[3]付きの乾式ピットラトリン(図2)およびコンポストトイレなどが含まれている。たとえば，スラブなしのピットラトリンや，吊り下げ式トイレ(hanging latrine)(図3)，河川などにそのまま排出する水洗トイレは「改善されていないサニテーション施設」となる。MDGsでは，この定義に基づき世界の飲料水源およびサニテーション施設へのアクセスが指標としてモニタリングされていた。

3)　スラブとは平板を意味するが，とくに建設においては一般にコンクリート平板の床板あるいは屋根などを指す。ここではトイレの竪穴(ピット)の上部に設置された床板を指す。

図2　ケニアのピットラトリン。竪穴(ピット)あるいは貯留槽をつくり，その上に建屋を設置して穴・槽のなかにし尿を溜める。写真上部の筒はピットにつながる換気用のパイプ。(撮影者：原田英典)

図3　ネパールの吊り下げ式トイレ。排泄後のし尿はそのまま川に流れ落ちる。(撮影者：原田英典)

表4　SDGsにおける飲料水階梯

サービスレベル	基準
安全に管理されたサービス	敷地内など近くで利用でき，必要なときに利用でき，かつ供給される水が汚染されていない改善された水源からの飲料水を利用する
基礎的サービス	待ち時間も含めて往復30分以内で水汲みができる改善された水源からの飲料水を利用する
限定的サービス	待ち時間を含めて往復30分を超える時間を水汲みに要する改善された水源からの飲料水を利用する
非改善サービス	汚染から保護されていない素掘り井戸あるいは湧水からの飲料水を利用する
サービスなし(表流水)	河川，ダム，湖，池，小川，用水路あるいは灌漑水路から直接得られた飲料水を利用する

注：WHO/UNICEF (2018)を参照。

(2)　水，サニテーションおよび衛生行動階梯

水と衛生の目標がMDGsからSDGsへと移り変わると，その指標も大きく発展することとなった。MDGsの指標からの大きな変化は，水源やサニテーション施設といったモノを改善の有無の2段階で区別する指標から，提供するサービスによって段階的にサニテーションを区別する指標への転換にある。JMPでは，「改善された水源」および「改善されたサニテーション施設」の定義に基づき，飲料水階梯(water ladder)およびサニテーション階梯(sanitation ladder)という表現を用いて飲料水とサニテーション・サービスを段階的に区分している(ladderは梯子の意味。ここでは一段ずつレベルが異なるイメージを表現するため「階梯」とした)。

飲料水については，これまでは改善された水源のみを評価の対象としていたが，これに加えて水汲み労働にかかる時間という要素が導入された(表4)。この導入によって，改善された水源からの水汲みであっても，その労働に費やす時間が30分以内の場合にのみ「基礎的サービス」が供給されていると評価し，30分を超える場合には「限定的サービス」と評価されることとなった。この変化には，成人女性と女子が水汲み労働の10分の8を負担し，これにより成人女性の労働，家事，子育てあるいは余暇の時間が減るととも

表5　SDGsにおけるサニテーション階梯

サービスレベル	基準
安全に管理されたサービス	他の世帯と共有せずに改善されたサニテーション施設を利用し，その場でし尿を処分する，もしくは現場から離れて処理する
基礎的サービス	他の世帯と共有せず，改善されたサニテーション施設を利用する
限定的サービス	2世帯以上と共有された改善されたサニテーション施設を利用する
非改善サービス	スラブや足場がないピットラトリン，吊り下げ式トイレ，あるいはバケツ式トイレを利用する
サービスなし（野外排泄）	野原，森，薮，水辺，岸辺およびその他の遮るもののない空間で，あるいは固形廃棄物とともにし尿を処分する

注：WHO/UNICEF（2018）を参照。

に，女子の教育の時間が奪われるため，不当に長い水汲み労働時間は著しい機会損失につながっているという背景がある（WHO, UNICEF 2017）。さらに「安全に管理されたサービス」は，水質の概念が導入されることで，水利用の利便性および水源保護の構造のみならず，汚染されていない状態で，適正なサービスが供給されるものとして定義されることとなった。

サニテーションについては，サニテーション施設の共有の有無とし尿の適正な処理・処分の有無が段階の区分の基準となった（表5）。サニテーション施設の共有の有無は，「基礎的サービス」と「限定的サービス」を区分する基準となっている。改善されたサニテーション施設が他の世帯と共有されていない場合に限って，「基礎的サービス」の段階にあるとし，複数世帯で共有されている場合には，「限定的サービス」としている。つぎに，適正な処理・処分の有無は，「安全に管理されたサービス」と「基礎的サービス」とを分ける基準となっている。その場でし尿を処分するオンサイト・サニテーションあるいは離れた場所でし尿を処理する下水道等のオフサイト・サニテーションなど，し尿が適正に処理・処分されている場合に，「安全に管理されたサービス」であると区分される。たとえば，ピットラトリンや腐敗槽は便槽内にし尿汚泥と呼ばれるし尿の貯留物を溜め，その定期的な汲み取りや処分が必要であるが，これが適正に実施されていない場合には，「安全に管理されたサービス」とはならない。つまり，同じ種類のトイレであっても

表6　SDGs における手指衛生階梯

サービスレベル	基準
基礎的サービス	敷地内など近くで石鹸および水がある手洗い施設を利用できる
限定的サービス	敷地内など近くで石鹸あるいは水のどちらかがない手洗い施設を利用できる
サービスなし（施設なし）	敷地内など近くに手洗い施設がない

注：WHO/UNICEF（2018）を参照。

適正な処理・処分の有無によって「安全に管理されたサービス」と区分されるかどうかが決定されるのである。サニテーションとは，そもそもトイレのみではなく，し尿の処理・処分までを含めた概念である。MDGs では処理・処分を含めていなかったのに対して，SDGs では本来のサニテーションの概念を反映したかたちでサービスの段階が評価されることになったといえる。

衛生行動については，2015 年に初めて JMP による国際的な普及状況のデータと指標が示された。SDGs の内容にあわせて，衛生行動の主要な要素である手指衛生についての指標が整備され，飲料水およびサニテーションと同様に階梯を用いた段階区分が示された（手指衛生階梯（Handwashing ladder））（表6）。飲料水およびサニテーションの階梯とは異なり，衛生行動では「安全に管理されたサービス」は現時点で段階として存在せず，手指衛生についての「基礎的サービス」（図4），「限定的サービス」，および「サービスなし（施設なし）」の3段階のみから構成される。「限定的サービス」とは，石鹸あるいは水のどちらかが欠如した手洗い施設の利用であり，「基礎的サービス」はこれらの両方を備えた手洗い施設の利用である[4)]。

手指衛生階梯は，サービスの段階で表記されているものの，手洗い施設の近接性の程度という基準以外は，施設のモノとしての状態に対応したものとなっており，飲料水やサニテーションの階梯における「安全に管理された

4）　なお，それぞれの手洗い施設は可動式のものであれ，固定式のものであれ構わないとされている。

図4　石鹸および水がある手洗い施設。なお，液体石鹸がバケツの裏にある。（撮影者：原田英典）

サービス」に相当する段階が存在していない。このことは，衛生行動の階梯が2015年に新たに導入されたということによるものだろう。衛生行動のデータを整備している国々も限定されており，指標そのものの発展も今後見込まれている。

(3)　JMPからみた水と衛生の現状

JMPの定義に基づき世界での飲料水，サニテーション，および手指衛生の現状をみてみよう。まず，飲料水の現状を飲料水階梯により表したのが図5である。「安全に管理されたサービス」を利用している人口は，2015年時点で世界人口の70%(52億人)から，2020年時点で74%(58億人)まで進捗している。「基礎的サービス」まで含めた人口は，2020年時点で世界人口の90%(70億人)となる。「基礎的サービス」以下の人口割合は10%と少ないように思われるかもしれないが，その人口は7.7億人(日本の人口の6.1倍)にものぼる。2.8億人は水汲み労働に30分を超える時間を費やし(「限定的サービス」)，汚染から保護されていない素掘り井戸，あるいは湧水からの飲料水

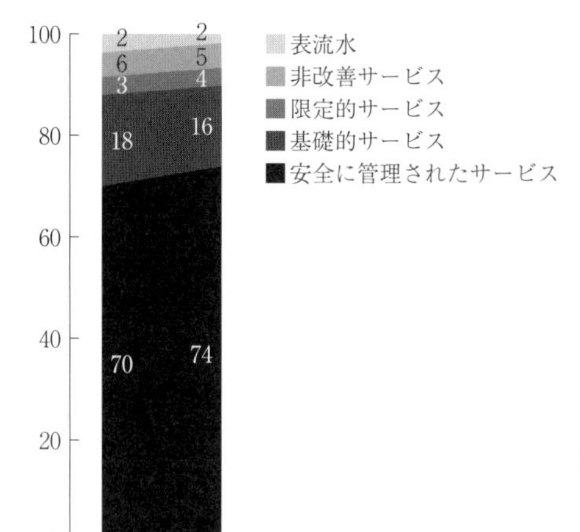

図5　世界における飲料水の普及率（WHO/UNICEF Joint Monitoring Programme（2021）を，許諾を得て筆者が翻訳）

を利用する人々は3.7億人であり（「非改善サービス」），川や池などの表流水から直接水を汲み，飲料水として利用する人口は1.2億人（日本の人口と同程度）にのぼる（「サービスなし（表流水）」）。2000年時点では，改善された水源を利用する人口が62%（38億人）であったことを考えると大幅な改善が進んでいるものの，現実には，世界の飲料水の普及はその途上にある。

一方，サニテーションの現状は一層深刻である（図6）。「安全に管理されたサービス」を利用している人口は，2015年時点での世界人口の47%（35億人）から2020年時点での54%（42億人）まで進捗している。「安全に管理されたサービス」に「基礎的サービス」を含めた人口は，2020年時点で世界人口の78%（61億人）である。一方，「限定的サービス」，「非改善サービス」および「サービスなし（野外排泄）」に該当する人々は17億人（日本の人口の13倍）にのぼる。その3分の2は農村に住む人々であり，半分はサハラ以南アフリカに住む人々である。「非改善サービス」（たとえば吊り下げ式トイレ（図3））や，バケツやカゴ等の上に座台を設置しただけのバケツ式トイレ（bucket latrine）など，非衛生的なトイレを利用する人々は6.2億人であり，「サービスなし（野外排泄）」の状態におかれている人々はじつに4.9億人（日本の人口の3.9倍）にのぼる。2000年時点で当時の世界人口の29%のみが

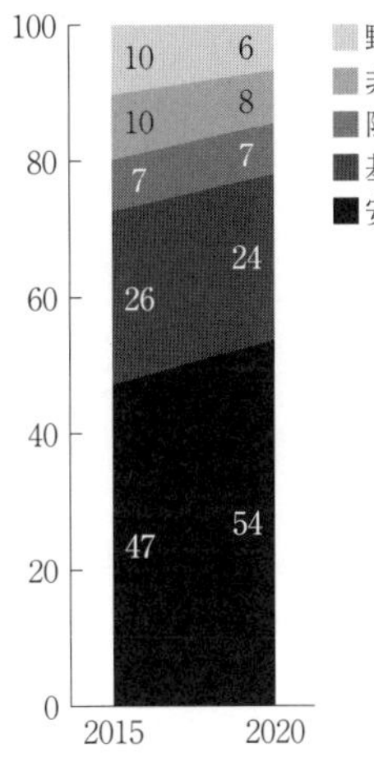

図6 世界におけるサニテーションの普及率(WHO/UNICEF Joint Monitoring Programme (2021)を，許諾を得て筆者が翻訳)

「安全に管理されたサービス」を利用していたことを踏まえると大幅な進展があったが，それでも飲料水と比較すると，「安全に管理されたサービス」を利用する人口は16億人少なく，「安全に管理されたサービス」もしくは「基礎的サービス」を利用する人口は9億人少なく，その進捗は飲料水より大幅に遅れているといえる。

最後に，手指衛生の現状を図7に示す。敷地内など近くに石鹸および水がある手洗い施設を利用できる「基礎的サービス」に該当する人口は，2015年時点での世界人口の67%(50億人)から，2020年時点での71%(55億人)にまで進展している。手指衛生はようやく指標が整備され，データ収集が始まった段階ではあるものの，「基礎的サービス」の普及率は78%(61億)であり，サニテーションの「安全に管理されたサービス」あるいは「基礎的サービス」の普及率と近い状態にあるといえる。2020年時点で手指衛生について「限定的サービス」あるいは「サービスなし(施設なし)」の段階に位置づけられる人口は23億人である。2019年末に発生した新型コロナウイルス感染症(COVID-19)以降，手指衛生に急速な注目が集まっている。COVID-19対策の一環で手洗い施設の大幅な改善が一定程度期待されている一方で，一層の普及が望まれる状態にある。

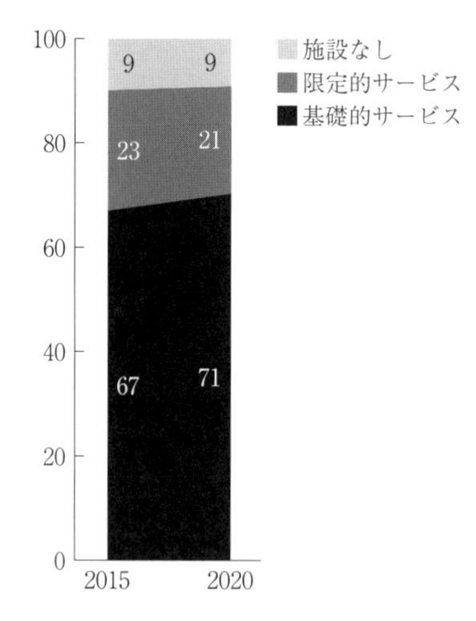

図7　世界における手指衛生の普及率(WHO/UNICEF Joint Monitoring Programme (2021)を，許諾を得て筆者が翻訳)

3　既存の取り組みの課題

(1)　現在の日本のサニテーション

前節で述べたとおり，MDGsにおいてサニテーションの目標達成が失敗に終わり，SDGsにおいてもサニテーションの目標達成の進捗が飲料水と比べて大幅に遅れていることからも，グローバル・サニテーションの達成は容易ではないといえる。

ではなぜ，グローバル・サニテーションの達成は容易ではないのだろうか(原田 2019)。その理由を考える前に，まずは日本の現状を確認しておこう。

第1章で述べたように，日本では，2020年時点で集中型サニテーション技術である下水道を利用する人口が全人口の約76.1%，浄化槽を利用し浄化槽に溜まる汚泥(浄化槽汚泥)をし尿処理場で処理する人口が約19.3%，および汲み取りトイレを利用し汲み取りし尿をし尿処理場で処理する人口が約4.6%を占める。なお，浄化槽とは，各世帯の生活排水(あるいはかつてはトイレ排水のみ)を処理・放流する個別の処理槽であり，各戸の地下などに埋設されている。浄化槽や汲み取りトイレといった，し尿の処理・処分，あるいは一時貯留をその場でおこなうサニテーションをオンサイト・サニテーションと呼ぶが，その多くでは，槽内やトイレ下の貯留タンク内に溜まったし尿の泥（し尿汚泥[5)]）をバキュームカーで汲み取り，別の場所で処理・処分する必要がある。そのために，日本には2020年時点で約1000カ所のし尿処理場（汚泥再生処理センター[6)]）が整備されている。もし読者が大都市で育ち，大都市で暮らしている場合には気づきにくいかもしれないが，下水道以外のサニテーションを利用する人々は今も日本に多く存在する。下水道を中心としつつ，オンサイト・サニテーションおよびそこからの汚泥を処理するし尿処理場が，下水道を補完しながら日本のサニテーションを支えている。

(2)　現在の主要なサニテーション技術の課題

2020年時点の世界人口78億人のうち，下水道で下水を処理している人口は26億人しかいない（WHO/UNICEF Joint Monitoring Programme）。であれば，世界中に下水道を普及させればいいのではないか，と思うかもしれない。しかし，これはそれほど簡単なことではない。

上述のように下水道が日本のサニテーションに大きく貢献しているのは間違いないが，グローバル・サニテーション実現のための低-中所得国への広い普及を考えると課題も多い。下水道には家庭からの下水である汚水を処理する分流式下水道と，汚水の処理と雨水の排除の機能をあわせもつ合流式下水道が存在するため，下水道はその目的に汚水処理のみならず雨水排除をも含む。日本では1976～2018年の43年間だけでも下水道に65兆円の資金を投入してきた（国土交通省）。2009年度の地方債の残高は31兆円であり，その額は次第に減っているものの，2018年度でもまだ24兆円ある。公営企業である下水道事業体の企業債の残高は，水道や病院，交通などを含む公営企業

5)　浄化槽に溜まる泥は浄化槽汚泥であり，汲み取りし尿の貯留タンクに溜まる泥は汲み取りし尿である。その両者およびそれ以外のオンサイト・サニテーションに溜まる泥をし尿汚泥（Fecal sludge）と呼ぶ。

6)　汚泥の資源利用の機能を備えたし尿処理場はとくに汚泥再生処理センターと呼ばれ，現在は多くのし尿処理場が汚泥再生処理センターとして位置づけられる。

全体の企業債の残高のじつに58%を占める。雨水排除分を除く汚水処理経費を下水道使用料でどれだけまかなえているかを示す経費回収率は，4分の3の事業で1未満であり，赤字の状態にある。

課題は費用の問題のみではない。1961年度末に6%だった下水道の普及率が50%を超えたのは1995年度末であり，60年代の高度経済成長期を経たにもかかわらず，じつに34年を要している。2010年度末の下水道管路の整備延長は44万kmであり，その整備には多くの時間を要する（日本政策投資銀行地域企画部 2016）。また，低-中所得国では，首都などの大都市でも頻繁な停電が発生する国も多い。日本の下水道が年間に使用する電力量は約76億kWh（2017年）であり，国内年間電力消費量の0.83%に相当する（日本下水道協会 2019）。これはJR東日本の年間電力消費量の約50億kWhを上回る膨大なエネルギー量である。さらに，世界で水の確保が課題となるなか，トイレの水洗には1回当たり6〜10L程度の水を要する。世界をみれば毎日50L程度の水で暮らす人々も多くいるなか，水洗トイレを使う現状の下水道を世界中に行き渡らせるのは容易ではない。

下水道の省エネ化・低コスト化などのさまざまな改善がおこなわれているとはいえ，長期にわたる下水道の整備を誰に対しておこない，それを誰がどのように負担し，持続的に運営をしていくのか，さらには下水道を運用するうえでの物質的制約をどう乗り越えるのかは，少子高齢化や過疎化が進む日本においても課題であり，いわんや，低-中所得国においては一層大きな課題であろう。

それならば，オンサイト・サニテーションを導入すればよいのではないか。実際，オンサイト・サニテーションを利用する人口は約28億人といわれ，下水道の利用人口を上回る（WHO, UNICEF 2017）。多くの低-中所得国の都市部では腐敗槽が広く使用され，都市近郊〜農村部ではピットラトリンが広く使われている。しかし，オンサイト・サニテーションの場合，利用後には槽あるいはピット内にし尿汚泥が堆積するため，その汲み取り，運搬，処理，処分あるいは利用といったし尿汚泥管理（Fecal Sludge Management；FSM）の問題がともなう（Harada et al. 2016）（図8）。

図8　バキュームカーによる腐敗槽からのし尿汚泥の汲み取り（撮影者：原田英典）

オンサイト・サニテーションは，し尿汚泥が適切に汲み取られなければ，処理・処分装置として適切に機能しない。しかし，多くの低-中所得国ではし尿汚泥の管理は適切に行われておらず，たとえばベトナムのハノイでは，腐敗槽の約9割で設置後一度も腐敗槽汚泥が汲み取られておらず，もし汲み取りを毎年1回実施すれば腐敗槽からの汚濁負荷量（水環境などに流入する汚濁物の物質量）が約70％削減されるほど，現状では腐敗槽の機能が低下している（Harada et al. 2008）。現状で処理されていない分の汚濁物は下水路などを経由して公共水域などに流れ出ている。さらには，腐敗槽は有機物を豊富に含むし尿汚泥を槽内に嫌気的に長期間貯留するため，温室効果ガスであるメタンの発生源ともなっている（Huynh et al. 2021）。

国際援助機関などによる，改善されたサニテーションが普及していない地域におけるサニテーション普及事業などでは，主としてピットラトリンが選ばれる。しかしピットラトリンは一定程度の衛生改善効果はあるものの，ピット（し尿を貯める竪穴）からの浸出水による地下水の汚染，密閉されていないピットからのハエなどによる病原性微生物の伝播，降雨によるピットからの溢水，あるいは臭気といった問題を潜在的に抱える。さらには，いずれピットが満杯になった後には，ピットからし尿汚泥を汲み取ってピットを再利用するか，あるいは違う場所にピットを掘り直してピットラトリンを再建築するか，といった対策が求められる。これは利用者にとって大きな負担となるとともに，導入されたトイレの放棄や野外排泄も含めた改善されていないサニテーションへの回帰などの問題にもつながる。また，下水道での費用負担の課題をあげたが，改善されたサニテーションを利用しない人口が約24億人であることを考えると，それら地域に広くピットラトリンなどオンサイト・サニテーションを導入するには途方もない費用がかかるため，国際援助だけに頼ってのグローバル・サニテーションの達成は容易ではない。

たとえピットラトリンや腐敗槽が建設され，し尿汚泥が汲み取られたとしても，し尿処理場の整備は多くの地域で不十分であり，汲み取られたし尿汚泥の不法投棄は多くの国で問題となっている。たとえばミャンマーでは，約7割のし尿汚泥がインフォーマルセクターにより汲み取られ，不法投棄されている(Naing et al. 2019)。適切に機能していないオンサイト・サニテーションからの排水，不法投棄されるし尿汚泥のいずれも，環境および公衆衛生に多大な負の影響を与える。

(3)　新たなアプローチの必要性

ここまで，現在の主要なサニテーションである下水道，腐敗槽およびピットラトリンについて，その普及がなぜ容易ではないのかを示したが，サニテーションの普及は，単なる施設・インフラの建設あるいは技術としての運用にとどまる問題ではない。たとえば，費用負担の問題は，建設や運転管理を成立させるためのみならず，その費用を社会でどのように負担するのかといった社会的な問題をも内包している。インフォーマルセクターによる汲み取りは，労働衛生環境が悪いことも多く，それにともなう汲み取り作業者への健康リスクの偏在，あるいは社会・文化的な偏見なども生み出しうる。汲み取りのみならず，不十分な処理による汚水の放流は，放流先およびその下流域への健康リスクおよび環境汚染の移転という問題も生じさせる(Harada 2022)。

本書第1章で述べたように，当初はし尿あるいは下水の排除を目的としていたサニテーションの概念は，衛生のためのサニテーション，環境衛生のためのサニテーション，そして地球環境のためのサニテーションへと発展してきた。ピットラトリンや腐敗槽は健康のためのサニテーション，そして部分的には環境衛生のためのサニテーションともいえるだろう。また，高所得国の下水道は地球環境のためのサニテーションとして発展しつつあるが，多くの低-中所得国の下水道はまだ環境衛生のためのサニテーションの段階にあるといえるだろう。一方，低-中所得国で地球環境のためのサニテーションを目指すものとしては，たとえばコンポストトイレなど，し尿の肥料価値を農業に利用するサニテーションがあるだろう。これは，サニテーションにし尿の肥料としての経済的価値を付加することで，サニテーションの普及を目指すものでもある。しかし，その普及には課題も多い。本書第1章で示した明治頃までの日本がそうであったように，し尿の肥料価値に基づくサニテーションは，それ自体が社会システムを構築していたと同時に，社会の変化がその成立を終わらせたものでもあった。し尿を農業利用する資源循環型サニテーションが社会・文化のなかで長期にわたり定着し，グローバル・サニテーションの達成に貢献するには，単なるし尿への嫌悪感や農業利用への忌避感といった課題に加え，社会・文化的関係性のなかでサニテーションが成立する必要があるだろう。また，そうした社会・文化的な成立は，その他のサニテーションを導入する場合においても同様に重要であろう。

近年では，グローバル・サニテーションの実現に向け，サニテーションの技術のみならず，住民参加型のサニテーション・プランニングや，マネーフローおよび物質フロー(資金や物質の流れ)に基づくビジネスモデル構築など，サニテーションの普及および持続性の向上に向けた多様な取り組みがみられる。現在のところ，その実現への道筋は必ずしもはっきりとしたものとはなっていないものの，施設の建設や運転管理の成立に注力しがちだったともいえるこれまでのサニテーションのアプローチとは異なるアプローチが必要とされていることは確かだろう。

参考文献

外務省(2015)『我々の世界を変革する――持続可能な開発のための2030アジェンダ(仮訳)』

環境省「国連人間環境会議(ストックホルム会議：1972年)人間環境宣言」https://www.env.go.jp/council/21kankyo-k/y210-02/ref_03.pdf

国際連合広報センター(2015)『国連ミレニアム開発目標報告』

国土交通省「下水道事業の財政状況」https://www.mlit.go.jp/mizukokudo/sewerage/crd_sewerage_tk_000140.html. Accessed 24 Sep 2021

日本下水道協会(2019)『平成29年度版　下水道統計』日本下水道協会，東京

日本政策投資銀行地域企画部(2016)『わが国下水道事業　経営の現状と課題』

原田英典(2019)「安全な水とトイレを世界中に」阿部治・野田恵編『知る・わかる・伝えるSDGs I 貧困・食料・健康・ジェンダー・水と衛生』学文社，東京，pp.120-140

Borowy, I. (2007) International social medicine between the wars: positioning a volatile concept. *Hygiea Internationalis: An Interdisciplinary Journal for the History of Public Health* 6: 13-35

Gubser, M. (2012) The Presentist Bias: Ahistoricism, Equity, and International Development in the 1970s. *Journal of Development Studies* 48: 1799-1812. https://doi.org/10.1080/00220388.2012.682989

Harada, H. (2022) Social allocation of the health risks in sanitation. in: Yamauchi, T., Nakao, S., Harada, H. (eds) *The Sanitation Triangle — Socio-Culture, Health and Materials*. Springer, pp 129-149. https://doi.org/10.1007/978-981-16-7711-3_8

Harada, H., Dong, N.T., & Matsui, S. (2008) A measure for provisional-and-urgent sanitary improvement in developing countries: septic-tank performance improvement. *Water science and technology* 58: 1305-1311. https://doi.org/10.2166/wst.2008.715

Harada, H., Strande, L., & Fujii, S. (2016) Challenges and Opportunities of Faecal Sludge Management for Global Sanitation. in: *Towards Future Earth: Challenges and Progress of Global Environmental Studies*. Kaisei Publishing, pp 81-100

Huynh, L., Harada, H., Fujii. S., Nguyen, L., Hoang, T., Huynh, H. (2021) Greenhouse gas emissions from blackwater septic systems. *Environmental Science & Technology* 55(2): 1209-1217. https://doi.org/10.1021/acs.est.0c03418

International Labour Office (1976) *Employment, growth, and basic needs: a one-world problem*. International Labour Office, Geneva

Naing, W., Harada, H., Fujii, S., Hmwe, CSS (2019) Informal Emptying Business in Mandalay: Its Reasons and Financial Impacts. *Environmental Management* 122-130. https://doi.org/10.1007/s00267-019-01228-w

Nakao, S., Harada, H., & Yamauchi, T. (2022) Introduction. in: Yamauchi, T., Nakao, S., &

Harada, H. (eds) *The Sanitation Triangle: Socio-Culture, Health and Materials.* Springer, pp 1–10. https://doi.org/10.1007/978-981-16-7711-3_1

UN. Secretary-General (1990) *Achievement of the International Drinking Water Supply and Sanitation Decade 1981–1990*

United Nations (1973) *Report of the United Nations Conference on the Human Environment*

United Nations (1976) *Report of Habitat: United United Nations Conference on Human Settlements*

United Nations (1977) *Report of the United Nations Water Conference*

United Nations (1993) *Report of the United Nations Conference on Environment and Development*

United Nations (2000) *United Nations Millennium Declaration*

United Nations (2001) *Road map towards the implementation of the United Nations Millennium Declaration.* Report of the Secretary-General

United Nations (2002) *Report of the World Summit on Sustainable Development*: Johannesburg, South Africa, 26 August-4 September 2002. United Nations

United Nations (2015) *Transforming our world: the 2030 Agenda for Sustainable Development*

United Nations Development Programme (1990) *Human development report 1990.* Oxford University Press, New York

WHO, UNICEF (2017) *Progress on Drinking Water, Sanitation and Hygiene: 2017 update and SDG baselines*

WHO/UNICEF (2018) Core questions on water, sanitation and hygiene for household surveys. *Joint Monitoring Programme* 1–24

WHO/UNICEF Joint Monitoring Programme (1992) *Water Supply and Sanitation Sector Monitoring Report 1990 (Baseline Year)*

WHO/UNICEF Joint Monitoring Programme (2021) *Progress on household drinking water, sanitation and hygiene 2000–2020; five years into the SDGs.* Geneva

WHO/UNICEF Joint Monitoring Programme, Household data. https://washdata.org/data/household#!/. Accessed 8 Sep 2021

第3章　サニテーション学の提案

中尾世治

はじめに

ここまでは，サニテーションの考え方と技術の歴史的展開と1970年代以降の国際開発におけるサニテーション改善の取り組みについて論じてきた。本章では，こうしたサニテーションの歴史を踏まえつつ，サニテーションを包括的に捉えるための新たな学問領域としてのサニテーション学を提示する。具体的には，まず，第1節にて，統合的な学問領域としてのサニテーション学が必要とされる背景について述べる。そこでは，これまでのサニテーションの捉え方とサニテーション改善の取り組みにおける問題点を指摘し，価値の創造としてのサニテーションという考え方を出発点とすることを主張する。そのうえで，第2節において，サニテーションの3つの価値——物質的・経済的な価値，健康の価値，社会的・文化的な価値——を明らかにする。そして，第3節では，これらの3つの価値とその相互連関を捉えるための視座としてのサニテーション・トライアングル・モデルを提示する。最後に，第4節では，サニテーション・トライアングル・モデルを基礎として，来たるべきサニテーション学について述べる。

1　何が問題なのか

本書第1章では，古代から近代にいたるまでのサニテーションの考え方と技術がどのように発展してきたのかを論じてきた。まず，古代や中世において，し尿や汚水の排除を目的としたサニテーションが形成されていった。19世紀になると，コレラの流行のなかで，人口全体の健康を維持・改善するという衛生統治のためのサニテーションという考え方が成立した。衛生統治のためのサニテーションは必ずしも感染症が微生物によるものという理解に基づいていたわけではなかったが，同時代に徐々に感染症の知識が深まっていった。そして，19世紀末から20世紀にかけて，水質汚濁に対処する処理技術を発達させた環境衛生のためのサニテーションが構築された。さらに，20世紀末から現在にいたる過程で，先進国では，地球環境の保全という文脈でサニテーションが捉えられるようになる一方で，サニテーション・インフラの老朽化・人口減少・災害への対応という課題が浮かびあがっている。

本書第2章で論じられているように，1970年代以降，サニテーションは国際開発のなかで重要な位置づけを与えられるようになっていった。適切なサニテーションへのアクセスは基本的人権のひとつとして捉えられるようになり，国際水衛生の10カ年(1981〜1990年)，MDGs(2000〜2015年)，SDGs(2015〜2030年)の設定を経て，世界中のすべての人々に提供されるべきものとなった[1)]。

他方で，全世界の人々に適切なサニテーションを提供するというグローバル・サニテーションの確立は，達成困難な課題となっている(本書第2章第2節)。適切なサニテーションへのアクセスができない人々は全世界で約17億人とされている。また，飲料水の供給が大幅に改善されている一方で，サニテーションは大きく出遅れている。日本を含む先進国の都市部では，下水道管路を用いる集中型サニテーションが一般的であるが，低-中所得国の全土に下水道管路を張りめぐらせることは現実的ではない。集中型サニテーションの確立には，多大な時間とコストがかかるからである。一方で，国際援助機関などによるサニテーション改善の試みでは，主としてピットラトリンが選択されるが，環境衛生，費用負担，汲み取りの労働衛生，汲み取り汚泥の

1)　グローバルなサニテーションの確立という目標もまた，あるひとつの価値観に基づくものであり，その目標がすべての地域で適切なものであるかはそれ自体として検証が必要なことである。この点については，本書第4章を参照。

処分などに大きな問題を抱えている。

こうした困難さの要因には，サニテーションに固有の4つの問題があるとされる。

第一に，現在，サニテーションそれ自体としては，直接的に大きな経済的な利益を生じさせることがないとされている[2)](Rosenqvist et al. 2016: 301)。そうしたことから，適切なサニテーションの確立が不十分である，とくにサハラ以南アフリカ諸国にみられる低-中所得国では，サニテーションへの投資のインセンティブが低くなる傾向にある。

もっとも，サニテーションの改善が経済に恩恵をもたらさないわけではない。飲料水とサニテーションのもたらす経済上の効果については，推計がなされている。適切な飲料水とサニテーションの恩恵としては，サニテーション施設へのアクセス改善にともなう時間の節約，病気にかかる時間が減ることによる生産性の向上，下痢性疾患の治療が減ることによる医療部門や患者のコスト削減，死亡の予防効果などがあげられる。これらの効果を勘案すると，低-中所得国においては，サニテーションと飲料水への投資は，1ドル当たり5ドルから28ドルのリターンが期待されている(Hutton et al. 2004)。しかし，こうした適切なサニテーションから得られる恩恵は，損失をなくすことにあり，いわばマイナスのものをゼロにするといったものとなっている。し尿を堆肥や燃料などにつくりかえるといった試みを外せば，サニテーションは経済上の大きな利益を直接生み出すものとはいえないのである。

第一点と関連するが，第二に，サニテーションのもたらす恩恵は，目に見えて実感しにくいものである。適切なサニテーションの確立は，一定の区域内の集団における健康の改善として，つまり，あくまで集団での変化として

2)　ただし，日本の江戸時代，明治期において，し尿の取引が大きな市場を形成していたことは想起されなければならない。また，1930年代まで東京・大阪・名古屋などの日本の都市部においては，都市から農地への下肥の大規模な流通がなされ，し尿は依然として大きな経済的価値を有していた(星野 2008, 2014a, 2014b, 2018；湯澤 2018)。社会のあり方がサニテーションの仕組みを規定するだけではなく，サニテーションの仕組みが社会のあり方を変えていくような相互関係も今後考えていく必要のあるテーマである(本書第1章)。

あらわれる。適切なトイレをひとつの世帯に導入したとしても，その世帯において健康被害が突如として劇的に減るわけではない。また，サニテーションのもたらす恩恵についてのさきの推計は，国や地域といったレベルでのメリットであり，個々人が自らの生活との関係のなかで直接的に実感できるものではない。

さらにいえば，設置されるトイレの数が部分的なものにとどまる場合，サニテーションによる健康改善はあまり見込めない可能性がある。無作為抽出したインドの村落を対象とした研究では，6割ほどの世帯にトイレを導入した村と，トイレをもつ世帯が1割ほどの村では，下痢や糞便由来の感染症による被害の差がないことが報告されている（Clasen et al. 2014）。また，サハラ以南アフリカと南アジアの29カ国でおこなわれた人口・健康調査のデータを分析した研究では，トイレを導入した世帯だけではなく，その周囲の世帯の7割ほどにトイレが導入されると，下痢の相対的な罹患率が大きく減少することが示されている（Jung et al. 2017）。少なくとも，個別の世帯だけの努力では，サニテーションのもたらす恩恵を認識できないだけではなく，その恩恵そのものを享受することができないということができる。

しかし，それにもかかわらず，第三に，とくに低-中所得国の農村部においては，住民のレベルでのサニテーションの改善が求められている。低-中所得国では，国や地方自治体が適切なサニテーションの普及のすべてを担うことが現実的ではないとされている。サニテーションがそれ自体として直接的に大きな利潤を生み出さないという第一の要因を背景として，低-中所得国のとくに農村部においては，公的機関による公共投資がサニテーションに大規模になされないということは折り込み済みの前提とされており，適切なサニテーションの普及には，住民参加，民間参入，住民の行動変容が必要とされている（Rosenqvist et al. 2016）。しかし，実際のところは，住民の実感としては，サニテーションのもたらす恩恵を直接的に感じとることができない。そうであるにもかかわらず，サニテーションの改善は住民の主体的な参加が求められているのである。

さらに，第四に，サニテーションは，サニテーションの技術や健康だけではなく，社会や文化のあり方とも関連している。トイレはそれを建てれば，問題が解消するというわけではない。トイレの適切な使用や清掃に加えて，ピットラトリンであれば，ピットに溜まったし尿を汲み取る人々が必要であり，汲み取ったし尿を集積し，処分する場所も求められる。野外排泄をおこない，トイレをもたなかった社会であれば，し尿の汲み取りという労働もまた，社会や文化のなかで存在していなかった。たとえば，西アフリカの内陸国であるブルキナファソでは，2010年の段階で，国内でトイレをもたない世帯が約6割であるが，トイレをもつ世帯のなかでも，トイレの汲み取りを実施していたのは，都市では約4割，地方では約1割にとどまっていた(MAH 2011)。筆者によるブルキナファソの農村の調査においても，ピットラトリンを使用するものの，ピットが満杯になると放棄するといった事例を多く見聞きした。実際のところ，サハラ以南アフリカ諸国において，建てられたトイレが継続的に使用されないということは，しばしば報告されている(Montgomery et al. 2009)。つまり，トイレを持続的に使用するには，適切なサニテーションを維持するための社会のなかでの仕組みが必要とされている。そして，社会の仕組みは一朝一夕にできあがるものではない。

このように，サニテーションの普及・改善には相互に関連した複雑な問題があり，グローバルなサニテーションの確立は困難なものとなっている。少なくとも，サニテーションの適切な技術と知識が普及すれば，おのずと適切なサニテーションが確立されていく，というものではない。現在，先進国の都市部でみられるサニテーションでは，国や地方自治体といった公的機関を主体とする，下水道管路に代表されるような集中型サニテーションを確立してきたが，こうしたアプローチは低-中所得国におけるサニテーションの普及を考えるときには合致しないものとなっている。さらに，人口減少の進む先進国の過疎地域においても，公的機関が既存のサニテーションの維持を単独で十全に担うことが困難になっている。それでは，公的機関が主体となった集中型サニテーションの何が問題なのであろうか。

そもそも，公的機関を主体とするサニテーションは，国家による統治と結びついている。本書第1章で論じられているように，チャドウィックに起源を認めることのできる公的機関を主体とするサニテーションとは，特定の範囲の人口を対象として，その人口の健康を総体として管理し，生産性を向上させようとする国家による統治のひとつの形態である。たとえば，さきにあげた，適切な飲料水とサニテーションの恩恵として，時間の節約，生産性の向上，医療部門や患者のコスト削減，死亡の予防効果などの経済的価値を測定する研究は(Hutton et al. 2004)，こうした人口の健康の管理と生産性の向上を目的とする国家による統治という考え方を前提としている。その意味では，先進国において，公的機関がサニテーションの維持／拡大を担保するのは，サニテーションが，特定の地域の人口全体の健康の維持／向上——つまり，統治——に資するからであるといえる[3)]。つまり，公的機関が主体となってサニテーションの維持／拡大を担保する社会においては，サニテーションが提供する価値とは，人口全体の健康の維持／向上という健康の価値と同義となっている。しかし，公的機関を主体とするサニテーションの維持／拡大が困難である社会において，サニテーションによって提供される価値が，人口全体の健康の維持／向上という健康の価値のみであるとすると，サニテーションは社会のなかで受け入れられることが難しいものとなる。すでに述べたように，住民としては，サニテーションのもたらす疾病の減少・予防という健康面での恩恵を実感できないにもかかわらず，サニテーションの改善は住民の主体的な参加が求められているといった事態が生じるからである。

こうしたことを踏まえると，サニテーションが社会や諸個人に提供する価値をあらためて見出し，整理し，秩序立てて再提示することが必要とされる。公的機関を主体とする集中型サニテーションでは，統治をおこなう公的機関の側の論理が，サニテーションの提供する諸価値のうちの健康の価値に焦点化しており，し尿を処理し「捨てる」ということを前提としていた(Ushijima et al. 2015)。そうした考え方では，経済的価値を生み出すというサニテーションのあり方が認識しにくいものとなっている。さきに述べたように，適

3)　ここでは詳述しないが，このような統治のあり方は，人口全体での健康の維持／向上を目指すがゆえに，特定の個々人にとっては不利益をもたらす場合があるという点にも留意が必要である。

切なサニテーションから得られる恩恵は，損失をなくすことにあり，マイナスのものをゼロにするというように想定されている。しかし，サニテーションによって生じる価値は，健康リスクの低減のみに限定されない。よりホーリスティックに——全体的・包括的に——サニテーションによって生じる価値を捉えなくてはならない。それでは，グローバルなサニテーションの確立において必要とされる，サニテーションの技術や知識の普及を越えた，ホーリスティックなアプローチとはどのようなものであるのか。サニテーションが生じさせる価値とは何か。このことを次節で扱う。

2　サニテーションの3つの価値
——健康の価値，物質的・経済的価値，社会的・文化的価値

サニテーションが生じさせる価値とは何かを論じる前に，そもそも，ここでいう価値とはどのようなものであるのかを述べておかなければならないだろう。

価値(value)は，経済的な価値——あるものを別のものとの交換や犠牲として測られる価値——のみに限定されてない(Graeber 2001)。どのようなものや行為を望ましいものとするのか。言い換えれば，どのようなものや行為に価値をおくのか。こうしたことは，価値観として捉えることができる。経済的な価値は，価値観と合致する場合もあれば，そうでない場合もある。たとえば，トイレが高価なものであっても，トイレをもつことが望ましいという価値観を有しているとは限らない。

他方で，価値とは他者を巻き込むものである(Graeber 2013)。価値は望ましいものやあるべきものを明示したものである。それはつまり，社会として，特定のものや行為に価値をおいているということであり，その社会のなかに住む人々を，その価値の実現に巻き込んでいる[4)]。他方で，経済的な価値も

4)　もちろん，特定の社会の価値観にすべての人々が従うということはありえないが，そうした価値観を受け入れなくとも，何らかのかたちで社会の価値観と対峙せざるをえないという意味で，価値はその社会のなかに住む人々を巻き込んでいる，といえる。

また同様に他者を巻き込むものである。生産や交換は，価値を媒介とした社会関係――人と人との関係性――を生じさせる。生産者の生産物は，他者によって価値が見出され交換され，一連の活動を通じて，社会関係が形成されたり，維持されたりしている。さらにいえば，こうした社会関係そのものが「価値」となる場合がある。社会関係そのものが望ましいものとされると同時に，社会関係のなかで特定のものや行為に価値が見出されたりするようになる。つまり，社会関係はそれ自体が価値の対象となりうると同時に，価値を生み出すものとなりえ，その意味において，「価値」と表現することができる。

このような価値自体の定義を踏まえたうえで，サニテーションの提供する価値とは，健康の価値，物質的・経済的価値，社会的・文化的価値に分類される。

前節で述べたように，サニテーションの提供する価値として，まず第一に，健康の価値があげられる。し尿が適切に処理されないことで，生活環境が不衛生な状態となり，糞便が原因となった下痢や感染症が引き起こされる。また，都市の集住地域などの密集地区においては，適切なトイレがなかったり，トイレが適切に管理されていなかったりする場合，生活環境それ自体を悪化させ，心身の健康を悪化させうるものとなる。

さらに，トイレを安全に利用できるかどうかということは，適切な排泄場所の確保という点でも健康に影響を与えている。地域によっては，トイレがなかったり，あるいは共用のトイレしかなかったりする場合に，とくに女性が性暴力の危険にさらされたり，その危険性のためにトイレの利用を控えたりすることで健康の悪化が引き起こされたりする。また，学校などの公共施設に月経衛生処理をおこなうための施設が確保されていないことによって，生理期間中の不登校や生理不順の原因となることがある。

つまり，サニテーションの提供する健康の価値とは，し尿の安全で適切な処理と安全で適切な排泄場所の提供によってもたらされる心身の健全さである。こうした健康の価値は，前節でみたように，不適切なサニテーションによってもたらされる損失を推計することによって，経済的な価値として計量可能なものであるが，それ自体としては日常生活のなかで認識することが困難である場合がある。また，心身の健全さはそれ自体として望ましいものであるがゆえに，健康とはそれ自体としての価値を有している。これは普遍的に適用される基本的人権としてのサニテーションと表現することが可能である[5)]。

つぎに，サニテーションの提供する価値としては物質的・経済的価値がある。し尿にはさまざまな物質が含まれており，その物質はそれ自体として潜在的な経済的価値を有している。このように特定の手段によって有用なものとなることが可能なものは資源と呼ばれるが，その意味でし尿は資源として捉えることができる。

し尿に含まれている資源としては，有機物，窒素やリンなどがあげられる。し尿にはこれらの資源が含まれており，バイオガスや肥料などをつくりだすことができる。こうしたものはし尿に含まれる資源それ自体を用いるという物質的価値と同時に，市場における取引を可能にするという点で経済的価値を有している。

また，自然環境への汚染を防ぐということも，サニテーションの提供する物質的・経済的価値である。窒素やリンが十分に除去されないし尿処理水を，河川・湖沼に放流してしまうことで富栄養化が生じ，水中の植物プランクトンの増殖による水質汚濁を招いてしまう。そして，自然環境の汚染は長期的・短期的に経済的な損失ももたらす。このような環境に対する負荷を減少させることもまた，サニテーションの提供する物質的・経済的価値である。

最後に，サニテーションの提供する価値として，社会的・文化的価値がある。サニテーションや，そのもととなる排泄には社会や文化のなかで特定の意味づけが与えられている場合がある。まず，排泄行為や排泄物に対する態度に，文化的な――地域や集団によっては，宗教的とも表現可能な――意味づけがある。どれだけプライベートな空間を確保するかといったトイレのあ

---

5)　基本的人権としてのサニテーションについては，本書第4章を参照。

り方や排泄行為の仕方などにはさまざまな文化差がある[6]。そうした文化差は排泄行為や排泄物に対する態度への価値づけ――どのようなトイレが望ましいか，どのような排泄行為が望ましいか等々の価値観――として理解することができる。

また，時代や地域によっては，トイレをもつことが価値を有することがある。たとえば，トイレが普及していない地域の一部では，世帯内でトイレをもつことが，肯定的な意味で「文明化」や「近代化」のひとつとしての意味をもつ場合がある。トイレは排泄という習慣にかかわっているために，生活スタイルの一部を構成している。したがって，個人や社会のなかで望ましいものとして意味づけられたとき，トイレをもつことが，健康の価値や物質的・経済的価値だけではなく，あるいはそれよりも大きな社会的・文化的価値をもつようになるのである。

また，システムとしてのサニテーションが独自の社会的価値をもつこともある。サニテーションはトイレだけでは十分に機能しない。ピットラトリンであれば，汲み取りをおこなう人々や処分地までの運搬を担う人々が必要であり，下水道管路に接続された水洗トイレであれば，下水道管路や処理施設の維持管理をおこなう人々が必要である。このようにシステムとしてのサニテーションを機能させるには，さまざまなアクターがサニテーションに参与することになる。言い換えれば，システムとしてのサニテーションを成立させるには，さまざまなアクターを結びつける社会関係が必要とされている。こうした社会関係そのものも重要な「価値」であり，これは社会関係資本とも呼ぶことができる。この社会関係資本はサニテーションを機能させるために必要なものであるだけではなく，そのために新たにつくりあげられるものでもある。その意味において，サニテーションに見出すことのできる価値として，人々をつなげる社会関係資本もあるということができるだろう。

ここではサニテーションの提供する価値を，健康，物質・経済，社会・文

6)　やや記述が古くなってはいるが，世界のさまざまな民族における排泄と文化のかかわりについてはスチュアート(1993)が詳しい。

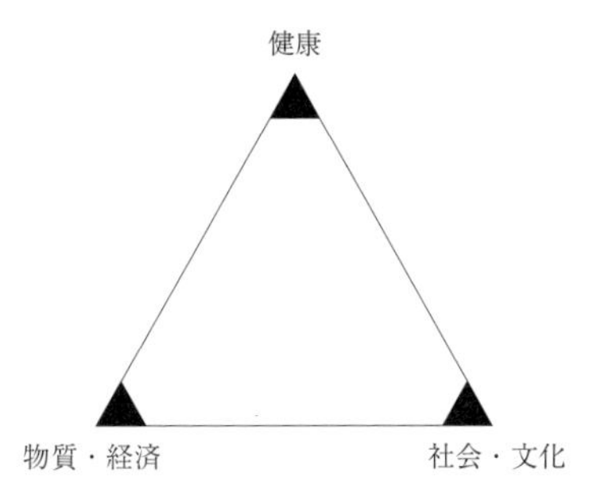

図１　サニテーション・トライアングル・モデル

化という３つの領域において捉え，その内容について述べてきた[7)]。サニテーションは価値を創造するものであると捉えることで，サニテーションが，健康，物質・経済，社会・文化という３つの領域にまたがって存在していることが浮かびあがってきたといえるだろう。それでは，サニテーションにおける，健康，物質・経済，社会・文化という３つの領域は，相互にどのように関連しているのか。この点を次節でみてくことにしよう。

３　学際的なアプローチとしての
サニテーション・トライアングル・モデル

サニテーションは，健康，物質・経済，社会・文化という３つの領域によって構成されている。これはサニテーション・トライアングル・モデルとして表現される（Nakao et al. 2022；図１）。この図は単に３つの領域があるということを示しているだけではなく，相互の領域間に重なりあう問題系があることを示している。

第１節で述べたように，グローバルなサニテーションの確立には，適切な技術や知識の普及だけではない学際的なアプローチが必要とされている。し

7）　ここではそれぞれの価値についての具体例はわずかなものにとどまっているが，それぞれのより個別具体的な内容については，本講座の各巻を参照。

かしながら，現状ではさまざまな分野の協調した学際的なアプローチの重要性が説かれているものの，どのような学際的なアプローチが具体的に可能であるのかはいまだに不明瞭なものとなっている。サニテーションは多領域にまたがるものであるとするだけでは，それぞれの領域ごとのアプローチが互いにどのように関連しているのかがわからなくなってしまう。それぞれの領域の連関こそが，さまざまな分野の協調した学際的なアプローチを可能とする。このような意味において，サニテーション・トライアングル・モデルとは，サニテーションが健康，物質・経済，社会・文化という3つの領域によって構成され，かつ，これらの領域が相互に重なりあう問題系を構成していると捉える視座を指している。それでは，それぞれの問題系をみていこう。

まず，健康と物質・経済の領域にまたがるものとしては，不適切なサニテーションによってもたらされる健康上の経済損失がある。本章第1節で言及したが，サニテーションのもたらす健康改善のインパクトを経済的に推計する研究がなされている。こうした研究では，下痢や糞便由来の感染症の減少などの直接的な健康被害による医療コストや生産性の低下，サニテーションを利用するための時間消費が，経済損失として推計されている(Hutton 2012)。そのうえで，サニテーションを導入するためのコストと導入によって得られる健康の経済上のベネフィットを分析するという費用便益分析をおこなっている。サニテーションへの投資に対する世界の経済上の利益は，投資1ドル当たり5.5ドルとされている。また，別の推計では，飲料水とサニテーションのアクセスが容易になることで，世界全体で，年間約200億日分の労働日数が新たに増加し，年間約630億ドルの生産性が達成できるとされている(Prüss-Üstün et al. 2008: 21)。

一方で，こうした旧来の研究はそれ自体としてはそれほど現実に寄与するものではない。こうした数値はサニテーションへの公的な投資の根拠となるものであるが，低-中所得国においてトイレの設置や(ピットラトリンや腐敗槽付きトイレの場合，汲み取りの費用も含む)維持管理の費用はほとんどトイレを利用する世帯によって支払われている。やや古い報告となっているが，サハラ以南アフリカ諸国の都市の約7割から9割の世帯において，トイレの設置や汲み取りの費用が自前で支払われており(Collignon & Vézina 2000: 24)，その他の低-中所得国の農村部においても同様の傾向がみられる(Jenkins & Sugden 2006: 4)。マクロに推計される健康の経済的価値は，実際にサニテーションの費用を支払う個々の世帯にとってモチベーションとはなりがたい。したがって，健康と物質・経済の領域にまたがる問題系だけではなく，健康と社会・文化，社会・文化と物質・経済のそれぞれの領域にまたがる問題系をより注視する必要があるだろう。

健康と社会・文化の領域にまたがる問題系とはどのようなものであるのか。健康は個々人の状態を指すものであるため，健康が社会・文化とどのようにかかわっているのか，一見するとわかりにくいかもしれない。しかし，実際には，個人の健康は社会・文化の影響を大きく受けており，生まれ育った／生活している地域や集団によって，健康状態は大きく変わっている。このような健康への社会的な影響は一般的に，健康の社会的決定因子(Social Determinants of Health)と呼ばれる。

サニテーションとの関連においても，このような問題系をみてとることができる。最も顕著な例は，健康リスクの社会的な配分としてあらわれる。たとえば，ピットラトリンの汲み取りの労働はしばしば特定の集団に偏ることがみられる(本講座第2巻)。経済的な貧困やカーストや移民などの社会的な地位の低さに由来して，汲み取りの労働に従事するといったケースがある。汲み取りの労働に対して，社会的に十分な投資がなされていない場合，こうしたサニテーション・ワーカーは深刻な健康リスクにさらされることになる。これは，システムとしてのサニテーションを機能させるために，特定の人々に対する健康リスクの集中を社会的に引き起こしているものとして捉えることができる。サニテーション・ワーカーの健康は個別の労働環境の問題でもあるが，社会として健康リスクをどのように抑制・配分するのかという問題でもある。

また，サニテーションの機能が不完全であるがゆえに，健康リスクが特定の地域に集中してしまうという事態もある(Harada et al. 2022)。ベトナムでは，ヌエ川の上流に位置する都市部のし尿が河川に流れ出てしまうことで，この河川を利用する下流の農村部での健康リスクを高めている。これは都市部から農村部への健康リスクの移転として捉えることができるだろう。このように特定地域への健康リスクの移転は，環境正義の文脈で研究されてきた(Maantay 2002; O'Neill et al. 2003; Mohai et al. 2009)。アメリカ合衆国において，有害物質の処理場が先住民や貧困層の居住地の周辺に建設されることで，健康被害を特定の集団にもたらしていることが指摘されている。こうしたことはもちろん，処理場だけに限定されるものではない。サニテーションの一連のプロセスのなかで生じる健康リスクとその社会的な配分は新たな研究対象であるとともに，サニテーション改善の実践の現場においても考慮にされる必要のある点である。

最後に，物質・経済と社会・文化の重なりあう問題系をみていこう。サニテーションの提供する物質的・経済的価値のところでみたように，サニテーションが生み出す経済的な価値がある。他方で，システムとしてのサニテーションを維持するためのコストもかかる(本講座第3巻参照)。こうしたサニテーションの生み出すプラスの経済的な価値(ベネフィット)とマイナスの経済的な価値(コスト)のそれぞれを誰がどのように担うのかということは社会的・文化的な問題である。トイレ，下水道管路，処理施設などの建設費や維持管理費，腐敗槽やピットの汲み取りの費用などを，国，地方自治体，住民，私企業などのアクターがどのように負担するのか，し尿から堆肥，燃料，バイオガス，建築資材などをつくるとして，その利益を誰が享受するのか。つまり，サニテーションの物質的・経済的価値の社会的な配分が，物質・経済と社会・文化の重なりあう問題系としてみてとることができる。

他方で，し尿の保管・汲み取り・運搬・処理・処分などのサニテーションの一連のプロセスのなかにも，社会的な問題が介在している。こうしたサニテーションの一連のプロセスを構成しているアクターそれぞれが相互に社会関係をもっていなければ，システムとしてのサニテーションは機能しない。地域によっては，サニテーションのプロセス全体を国や地方自治体が一括して管理することもあるが，低-中所得国，あるいは先進国においても過疎の進む地域では，そのような管理がなされない，あるいは困難であることがある。そのような場合，ローカルな社会にすでに存在する社会関係を踏まえて，サニテーションの一連のプロセスを成立させるようにアクター間のネットワークをつくりだす必要がある(本講座第５巻)。言い換えれば，既存の社会関係資本を組み合わせたり，新たに生み出したりすることによって，サニテーション・サービスチェーンを成立させるということになるだろう。このような技術だけでは解決しない社会的な問題系が，物質・経済と社会・文化の重なりあう問題系にみてとることができる。

ここでみてきたように，サニテーション・トライアングル・モデルでは，サニテーションを健康，物質・経済，社会・文化の３つの領域で捉えるだけではなく，それらの重なりあう問題系を指し示している。それぞれの領域は，健康科学，環境／衛生工学，経済学，人文社会科学によって担われているが，現実のサニテーションの問題系はそれらにまたがって存在している。そうした学問分野の重なりあう学際的な問題系を具体的に考えるための枠組みとしてサニテーション・トライアングル・モデルを位置づけることができるだろう。

４　サニテーション学とは何か
――全体的社会事象としてのサニテーション

本章では，まず，第１節で，サニテーションの現状の課題を述べ，価値という点からサニテーションを捉える視座を示した。そのうえで，第２節でサニテーションによって提供される健康の価値，物質的・経済的価値，社会的・文化的価値という３つの価値を明らかにし，第３節でサニテーション・トライアングル・モデルを提示し，これらの価値の生じる健康，物質・経済，社会・文化という３つの領域の重なりあう問題系を論じた。

本章で述べてきたことは，多分野の研究を踏まえたうえで，より広い文脈のなかにサニテーションを位置づけることであった。サニテーション・トライアングル・モデルの導入は，健康や物質・経済の領域を社会・文化の領域との関連において捉えることで，ホーリスティックな――包括的で全体的な――サニテーションの実像に迫ることを企図したものである。このような試みからみえてくることは，そもそもサニテーションとは人間の存在と人間によるさまざまな活動に深く刻み込まれたものであるということである。つまり，サニテーションはグローバルな課題であるだけではなく，人間の存在とその活動を根源的に考えることのできる対象となっているのである。

排泄は人間にとって不可欠な活動である。それと同時に，トイレトレーニングなどを経て，人間は適切な排泄を後天的に身につけるものである。そして，公衆の面前での排泄が恥辱をともなうものであるように，排泄は人間の尊厳と深くかかわっている。適切な排泄行為を可能なものとするサニテーション――必ずしもトイレや衛生施設だけに限定されず，広大な土地もまた含まれうるものである――は，人間が適切に生きることの条件となっている。人間は，現生人類になる人類進化の過程のなかで，適切な排泄という文化的な振る舞いを獲得し，人間として生きることの重要な一部に組み込んできた。そして，人間は，遊動する狩猟採集の生活から定住し，都市を構成するなかで人工的なサニテーションの仕組み――つまり，トイレとそれに付随する施設――を発達させてきた。人類の進化と歴史はサニテーションという点から捉え返すことのできるものである。

また，サニテーションは居住空間の文化的な分類と深くかかわっている。排泄物は，（スカトロジーなどの）日常の価値観を逆転させる倒錯的な振る舞いを別とすれば，通文化的に不浄なものと位置づけられる。排泄のなされるトイレは衛生的にも象徴的にも不浄なものをおしこめておく場所となっている。玄関や台所のなかにトイレが配置されることはまずないといってよいだろう。トイレは日々の生活を構成する居住空間におけるハレとケの割り振りのなかで決定される。トイレを導入することとは，居住空間の構成を変容させることでもある。

より一般的にいえば，サニテーションとは，フランスの著名な社会学・人類学者であるモースのいう，全体的社会事象（Mauss 1923: 32）である。つまり，サニテーションは，時代や地域によって差はあるものの，宗教的，法的，道徳的，政治的，経済的，審美的なものとかかわっているのである。そのすべてをここで論じつくすことはできない。しかし，この全体的社会事象であるサニテーションを対象として，これまでとこれからのサニテーションを考え，サニテーションに関連する人間の活動の意味を明らかにする学際的な営みこそが，来たるべきサニテーション学である。本書および本講座は，この来たるべきサニテーション学の基礎となるものである。

このように，本書第1部では，古代から現在にいたるまでのサニテーションの歴史をまとめつつ，現状の問題点と，それを乗り越えていくための視座を提供した。第2部(第4章，第5章，第6章)では，サニテーションの維持や改善の現場を念頭において論述がなされる。第4章では，サニテーションがどうあるべきかという，現場のなかで考える倫理的判断についての整理と見解が示される。第5章と第6章では，サニテーションの維持や改善のための具体的な取り組みの手法が紹介されることになる。本章で示したサニテーション・トライアングル・モデルは，全体的社会事象としてのサニテーションを捉えるためのモデルとして位置づけられるが，第2部では，より踏み込んで，現場のなかで，どうあるべきか，どのような取り組みをなすことができるのかを述べていくことになる。

参考文献

スチュアート，ヘンリ(1993)『はばかりながら「トイレと文化」考』文藝春秋.

星野高徳(2008)「20世紀前半期東京における屎尿処理の有料化——屎尿処理業者の収益環境の変化を中心に」『三田商学研究』51(3)29-51.

星野高徳(2014)「戦前期大阪市における屎尿処理市営化——下水処理構想の挫折と農村還元処分の拡大」『経営史学』48(4)29-53.

星野高徳(2014)「戦前期東京市における屎尿流通網の再形成」『歴史と経済』(222)15-29.

星野高徳(2015)「戦前期名古屋市における屎尿処理施設の変遷——東京市・大阪市との比較を通じて」『近代都市の衛生環境(名古屋編)別冊［解説編］』近現代資料刊行会，pp.61-95.

星野高徳(2018)「戦前期名古屋市における屎尿処理市営化——屎尿流注所を通じた下水処理化の推進と農村還元処分の存続」『社会経済史学』84(1)45-69.

湯澤規子(2018)「「下肥」利用と「屎尿」処理——近代愛知県の都市化と物質循環の構造転換」『農業史研究』pp.23-38.

Clasen, T., Boisson, S., Routray, P., Torondel, B., Bell, M., Cumming, O., ... & Schmidt, W.

P. (2014) Effectiveness of a rural sanitation programme on diarrhoea, soil-transmitted helminth infection, and child malnutrition in Odisha, India: a cluster-randomised trial. *The Lancet Global Health*, 2(11), e645-e653.

Collignon, B., & Vézina, M. (2000). *Independent water and sanitation providers in Africa cities: Full report of a ten-country study*. Washington DC: UNDP e World Bank Water and Sanitation Program.

Graeber, D. (2001) *Toward an anthropological theory of value: The false coin of our own dreams*. Springer.

Graeber, D. (2013) It is value that brings universes into being. *HAU: Journal of Ethnographic Theory*, 3(2), 219-243.

Harada, H. et al. (2022) Social allocation of the health risks in sanitation. in Yamauchi, T., Nakao, S., and H. Harada (eds.) *The Sanitation Triangle: Socio-culture, Health and Material*. Springer.

Hutton, G. (2012) *Global costs and benefits of drinking-water supply and sanitation interventions to reach the MDG target and universal coverage* (No. WHO/HSE/WSH/12.01). World Health Organization.

Hutton, G., Haller, L., Water, S., & World Health Organization. (2004) *Evaluation of the costs and benefits of water and sanitation improvements at the global level* (No. WHO/SDE/WSH/04.04). World Health Organization.

Hyun, C., Burt, Z., Crider, Y., Nelson, K. L., Prasad, C. S., Rayasam, S. D., Tarpeh, W., & Ray, I. (2019) Sanitation for low-income regions: a cross-disciplinary review. *Annual Review of Environment and Resources* 44: 287-318.

Jenkins, M. W., & Sugden, S. (2006). Rethinking sanitation e lessons and innovation for sustainability and success in the new millennium. Human Development Report, United Nations Development Programme, New York.

Jung, Y. T., Lou, W., & Cheng, Y. L. (2017) Exposure-response relationship of neighbourhood sanitation and children's diarrhoea. *Tropical Medicine & International Health*, 22(7), 857-865.

Maantay, J. (2002) Mapping environmental injustices: pitfalls and potential of geographic information systems in assessing environmental health and equity. *Environmental health perspectives*, 110(suppl 2), 161-171.

Mauss, M. (1923) Essai sur le don. Forme et raison de l'échange dans les sociétés archaïques. *L 'Année sociologique* 1: 30-186.

MAH (2011) Enquête nationale sur l'accès des ménages aux ouvrages d'assainissement familial -2010. Monographie nationale.

Mohai, P., Pellow, D., & Roberts, J. T. (2009) Environmental justice. *Annual review of environment and resources*, 34, 405-430.

Montgomery, M. A., Bartram, J., & Elimelech, M. (2009) Increasing functional sustainability of water and sanitation supplies in rural sub-Saharan Africa. *Environmental Engineering Science*, 26(5), 1017-1023.

Nakao, S., Harada, H., & Yamauchi, T. (2022) Introduction. in: Yamauchi, T., Nakao, S., Harada, H. (eds.) *The Sanitation Triangle: Socio-Culture, Health and Materials*. Springer.

O'Neill, M. S., Jerrett, M., Kawachi, I., Levy, J. I., Cohen, A. J., Gouveia, N., ... & Workshop on Air Pollution and Socioeconomic Conditions. (2003). Health, wealth, and air pollution: advancing theory and methods. *Environmental health perspectives*, 111(16), 1861-1870.

Prüss-Üstün, A., Bos, R., Gore, F. & Bartram, J. (2008) *Safer Water, Better Heath: Costs, and Sustainability of Interventions to Protect and Promote Health*. World Health Organization, Geneva.

Rosenqvist, T., Mitchell, C., & Willetts, J. (2016) A short history of how we think and talk about sanitation services and why it matters. *Journal of water, sanitation and hygiene for development*, 6(2), 298-312.

Ushijima, K., Funamizu, N., Nabeshima, T., Hijikata, N., Ito, R., Sou, M., ... & Sintawardani, N. (2015). The Postmodern Sanitation: agro-sanitation business model as a new policy. *Water Policy*, 17(2), 283-298.

van Vliet, B. J., Spaargaren, G., & Oosterveer, P. (eds.) (2010) *Social Perspectives on the Sanitation Challenge*. Springer.

van Vliet, B. J., Spaargaren, G., & Oosterveer, P. (2011) Sanitation under challenge: contributions from the social sciences. *Water Policy* 13(6): 797-809.

第2部

サニテーション学を深める

第4章　倫理と実践

中尾世治

はじめに

サニテーションはさまざまな点で倫理とかかわっている。そして，倫理とかかわるがゆえに，ひとは逡巡し，思い悩む。たとえば，低-中所得国でのサニテーション改善の取り組みを進める現場で，つぎのような逡巡にいたることがあるだろう。自分たちの推し進めるやり方が本当に「正しい」のか，導入するサニテーションの技術の選択は「正しかった」のか，自分たちの取り組みに積極的にかかわってくれる一部の住民のためのものになっているのではないか，そもそもサニテーション改善を住民ではない自分がおこなうことは「正しい」のか。こうした悩みは根本的には，サニテーションがどのようなものであるべきなのかという点にかかわっている。そして，この問いは低-中所得国の現場だけに限定されるわけではない。さまざまな現場での「正しさ」をめぐる思い悩みは，サニテーションとはどのようなものであるべきか，という問いを根本から実践のなかで考える契機となる。そして，この問いへの答えを実践のなかで模索する。その意味で，倫理と実践は結びついている。

本章では，サニテーションと倫理の関係性と具体的な問題をとりあげる。サニテーションに関連する技術開発やサニテーション改善の実践の場において，取り組むべき問題を整理したり，問題の捉え方を考えなおしたりすることで，現場でのよりよい介入の方法を編み出すことが可能になる。本章では，サニテーションがどのような倫理の問題とかかわっているのかを紹介しつつ，サニテーションを倫理の点から考えるための視座を提供する。

とはいえ，サニテーションと倫理の関係については，一部の論者が議論を始めた段階にあって，いまだその領域が明確に定められているわけではない[1)]。したがって，まず，倫理とはどのようなものであるのかを述べ，サニテーションの倫理が既存の倫理学とどのような関係にあるのかを概説する。そのうえで，サニテーションの倫理を，サニテーションがどうあるべきかという根本的な問いから派生する５つの倫理的判断に切り分け，それぞれの倫理的判断についての考え方をまとめ，技術開発や実践の現場でどのように倫理的な問題を考えればよいのかを述べる。

1　サニテーションと倫理

倫理とは何かということに答えることは難しい。多くの定義と議論がなされているからである。ここでは，つぎのような定義に従う。すなわち，倫理とは「すべきだ／しなくてはならない／してもよい／してはならない」という人間の行為についての価値判断であり，「がある」「である」という事実についての判断とは異なっているというものである（品川 2020：7-9）。

たとえば，ひとは死ぬという命題は事実についての命題であるが，ひとを殺してはならないという命題は価値判断をともなう命題であり，倫理の領域に入る。他方で，たとえば，死刑の是非のように，特定の条件においてはひとを殺すことはしてもよい，あるいはいかなる条件においてもひとを殺すべきではないといったように，価値判断をともなう倫理的判断は対立しうるものである。しかし，対立しうるものであるからといって，倫理的判断は，どのようなものであっても許容されるということはない。倫理的判断は，どのような理由づけによって正当化されるのか，その理由づけが妥当なものであるのかという点において検証することができる。

1）　個別の問題としては，本章で言及した文献があるが，サニテーションの倫理的問題を明示的にとりあげたものとしては，「サニテーション正義」を論じたルスカらの論文（Rusca et al. 2018）がある。

このような倫理的判断の根拠となる理由や倫理的判断そのものを記述・分析する学問が倫理学である[2]。倫理学は，規範倫理学，記述倫理学，メタ倫理学，応用倫理学に分けられる。

規範倫理学は倫理的命題の根拠となる理由を検証し，どのような理由づけによって，特定の倫理的命題が正当化されるのか，されないのかについて論述をおこなう。記述倫理学はさまざまな時代や地域の社会に存在していた，あるいは存在している（倫理的命題の集合である）倫理思想を記述する。こうした倫理思想を用いたり，改良したりすることで，倫理的命題の理由づけをより適切におこなうことができる。その意味で，記述倫理学は規範倫理学を補完している。メタ倫理学は，そもそも倫理とは何か，倫理的判断をおこなうとはどういうことかを問う。それは，倫理的命題の理由づけのあり方やその理由づけに必要とされる諸概念を検討するという意味で，規範倫理学の土台を提供するものである。これらの規範倫理学，記述倫理学，メタ倫理学を踏まえつつ，応用倫理学は，現実の特定の問題についての倫理的問題を問題領域ごとにおこなう研究の総称である。

サニテーションの倫理については，応用倫理学の下位分野である生命倫理（とくに公衆衛生倫理）[3]，工学倫理[4]，環境倫理学[5]に部分的に重なっていると考えることができる。これはサニテーションの課題解決が，公衆衛生学，衛生工学や環境工学によって担われていることと関連しており，サニテーションの課題の一部が公衆衛生と環境の問題としてもあるということによる。公衆衛生倫理においては，パターナリズムと個人の自律の問題――人口全体としての健康に資するために個人の自由をどこまで担保することができるのかという問題――が論じられており，サニテーションの改善においても介入者

2)　倫理学の概説書としては，たとえば，赤林・児玉(2018)，宇都宮(2019)，品川(2020)などがある。ここでは，品川の論述(2020：13-15)に従っている。

3)　公衆衛生倫理の概説書としては，赤林・児玉(2015)。

4)　工学倫理の概説書としては，齊藤・岩崎(2005)，ハリスほか(2008)，札野(2015)。

5)　環境倫理学の概説書としては，鬼頭・福永(2009)，吉永・寺本(2020)，加藤(2020)。

側のパターナリズム[6]が生じる場面があることは容易に想像がつくだろう。工学倫理とは，古典的には，技術者・工学者(エンジニア)に求められる実践的な倫理に限定されていたが，現在では，人工物や技術についての倫理学を含むものとなっている。たとえば，トイレの質や量について，どこまでの健康リスクを許容して設計するのか，その設計の社会的な合意が図られているのかといったサニテーションにまつわる倫理的判断は，工学倫理におけるリスク問題(八木 2005；岩崎 2005)と関連しており，環境倫理学においても論じられている(鬼頭 2004)。その意味では，サニテーションの倫理とは公衆衛生倫理・工学倫理・環境倫理にまたがって応用倫理学のひとつの領域であるといえるだろう。

しかし，サニテーションは，公衆衛生と技術と環境という側面においてのみ，人間にかかわるわけではない。サニテーションにはサニテーション固有の倫理的問題がある。したがって，サニテーションの倫理的問題は必ずしも既存の倫理学の範疇にとどまるものでもない。いまだ未開拓のこの領域の全貌をここですべて論じることはできないが，そのおおまかな全体像を素描するとつぎのようになるだろう。

サニテーションの倫理的問題は，サニテーションがどうあるべきかという根本的な問いから派生する。サニテーションがどうあるべきかという問いは，(1)トイレは普遍的に提供されるべきものであるのか，(2)使用者にとってトイレはどのようなものであるべきか，(3)誰がどのように人間のし尿を処理するべきであるのか，(4)人間のし尿を処理する技術はどのようなものであるべきか，(5)人間のし尿を処理する技術はどのように導入されるべきか，という5つの点にまたがって構成される。これらの問いは相互に関連しており，横断的な問題系も出現する。これらの問いをそれぞれ検討することによって，サニテーションの倫理を浮かびあがらせよう。

---

6)　ここでいうパターナリズムとは，当人の意志を問わず，当人の利益のためであるとして，当人に代わって意思決定をおこなうことを指している。

2　トイレは普遍的に提供されるべきものであるのか

持続可能な開発目標(Sustainable Development Goals；SDGs)の目標6のターゲット6.2では，「2030年までに，すべての人々の，適切かつ平等なサニテーションおよびハイジーンへのアクセスを達成し，野外での排泄をなくす。女性及び女子，ならびに脆弱な立場にある人々のニーズに特に注意を向ける」ことが掲げられている[7]。この「すべての人々に」という点で，SDGsの目標6のターゲット6.2は，適切なサニテーションへのアクセスを基本的人権のひとつとして位置づけるという考え方を前提としている。

このような考え方は，国際的には1977年のマル・デル・プラタ行動計画と1994年の国際人口開発会議の行動計画によって基礎づけられている(COHRE 2008: 6)。マル・デル・プラタ行動計画では，「すべての人々は，その発展段階や社会的・経済的条件を問わず，基本的なニーズにみあった量と質の飲料水を利用する権利を有している」とされた[8]。そして，国際人口開発会議の行動計画では，その第2原則として「人間は，自分自身と家族のために，適切な衣食住・水・サニテーションを含む適切な生活水準を確保する権利を有する」ことが示されている[9]。1996年に開催された第2回国連人間居住会議(UN-Habitat II)で採択されたアジェンダでもほぼ同様の表現が用いられている[10]。その後，国際機関のなかでは，基本的人権に含まれる「適切かつ安全なサニテーション」とはどのようにあるべきか，すなわち，使用者にとってのサニテーション施設はどのようにあるべきかという問いを深めていく。この点は次節で扱う。ここでの重要な点は，近年になって，人間は

---

7)　https://www.un.org/sustainabledevelopment/water-and-sanitation/

8)　Mar Del Plata Action Plan. United Nations Water Conference. Mar Del Plata, Argentina, 14-25 March 1977.

9)　Report of the International Conference on Population and Development Cairo, 5-13 September 1994. A/CONF.1 71/13.

10)　Report of the United Nations Conference on Human Settlements (HABITAT II) (Istanbul, 3-14 June 1996). A/CONF.165/14.

すべからく適切なサニテーションへのアクセスの権利を有するという考え方が，国際機関のなかで認められるようになったということである。そして，この考え方には，すべての人間は適切なトイレで排泄する権利を有するということを述べている。

このように捉えたとき，すべての人間はトイレで排泄しない，あるいは不適切なトイレで排泄する権利も同時に有しているのだろうか。言い換えれば，適切なトイレで排泄するということは普遍的に求められる基本的人権に含めるべきであるのだろうか。この点はほとんど議論の対象になっていないが，考える必要のあることである。近代にいたるまで，人類の大半は適切なトイレを有さず，今も多くの人々はトイレなしの生活をおくっている。もちろん，こうした人々の多くは，トイレをもちたくとももてない状況におかれている。しかし，これまでの人類の長い歴史をみれば，トイレをもたない生活の方が長く，トイレをもたない文化・生き方があるというようにも考えられる。基本的人権としてのサニテーションという考え方は，国際機関やそれらに参与する人々の「トイレをもつ文化」を，「トイレをもたない文化」をもつ人々への押しつけになってしまうかもしれない。適切かつ安全なサニテーションとは，文化や地域的な状況と関係なく，全世界の人類に提供されるべきものなのだろうか。

ここでは，基本的人権という普遍主義（すべての人間に当てはまる原則があるという考え方）と文化相対主義（それぞれの文化は尊重されるべきであるという考え方）が対立している。このような普遍主義と文化相対主義の見解の対立は個別の事例ごとに考え，どちらの考え方が妥当であるのかを検討する必要がある。そうした検討には，個別の条件に加えて，普遍主義と文化相対主義それぞれを批判的に検討することが望ましい[11]。

一方では，普遍主義にはオリエンタリズムがともなわれる場合がある。オ

11）　このような基本的人権の普遍主義と文化相対主義の対立において生じる問題は，「女子割礼／女性器切除／女性器手術」をめぐる論争において詳細に論じられた（たとえば，岡 2019）。この論争はサニテーションにおける普遍主義と文化相対主義を考えるうえで，参考になるものである。

リエンタリズムとは，西洋近代社会をつねに優位なもの・進んだもの・能動的なものとみなし，非西洋近代社会をつねに劣位なもの・遅れたもの・受動的なものとみなす考え方である[12)]。サニテーションの場合，「トイレをもたない文化」を「劣位な」「遅れた」ものとみなし，「進んだ」考え方を教えられるだけの「受動的な」存在として捉えがちである。仮に適切なトイレを導入することが望ましいとしても，オリエンタリズムをできるだけ排除し，それぞれの文化に固有の合理性や能動的な発展の余地を見出すという立場から「トイレをもたない文化」を捉える必要がある。

他方で，文化相対主義によって文化内部で周縁化された人々の存在が無視されてしまう場合がある。それぞれの文化には固有の社会的な秩序があり，女性や子ども，あるいは差別されている特定の人々が発言しにくい状況が場合によっては存在する。特定の文化のなかでも，さまざまな立場があり，その社会のなかで「トイレをもたない文化」が肯定的に語られたとしても，そうした発言がその文化のなかで発言権の大きい人たちだけからしか語られないという場合もある。それぞれの文化の固有性を尊重するとしても，必ずしもその文化内部での不平等や不公正までも尊重すべきでないということもありうるという点から，文化相対主義的な考え方も個別の状況に応じて批判的に検討する必要がある。

これらの点以外でも，「トイレをもたない文化」を認めるべきかどうかという点も検討される必要があるだろう。トイレをもたない場合でも，住民の意向はどうであるのか，健康リスク，排泄のプライバシーや安全性が確保されているのか，あるいはどの程度であれば，それらの点が許容範囲となるのかということが分析と検証，そして社会的な合意の対象となる。

トイレは普遍的に提供されるべきものであるのかという倫理的判断は，賛成・反対のどちらの立場をとるにせよ，少なくともこれらの点を考慮して個別の事例ごとに考える必要がある。言い換えれば，どの事例にも当てはまる

---

12)　オリエンタリズムという概念は，文学研究者のエドワード・サイード（Edward Said）の『オリエンタリズム』（サイード 1993a，1993b）によって提起され，人類学，歴史学，地域研究などに大きな影響を与えた。

「答え」が存在しているわけではない。この点はこれ以降でとりあげる論点でも同様である。本章では,「答え」ではなく,倫理的判断が求められる場合に,どのような点に注意すべきかを示している。

3　使用者にとってトイレはどのようなものであるべきか

さて,トイレを提供するべきものであるとすると,つぎに生じる倫理的判断は,使用者にとってトイレはどのようなものであるべきかという点である。使用者にとってトイレがどのようなものであるのが望ましいかは,実際に設計・製作するうえでは,利便性,快適性,環境的条件,経済的条件などの諸条件が考慮されるだろう。そのような現実的な諸条件から判断されるよりよいものとは別に,理想として目指されるべきもの,あるいは必要条件として要求されるべきものがある。つまり,現実的な諸条件から導き出されるトイレは,理想として目指されるトイレや必要条件を満たしているトイレと異なっている。後者(理想と必要条件)は倫理的判断によって決定される。資金,社会制度,慣習などの制約のなかで,どのような条件を優先すべきかという判断は倫理的判断である。そのような意味で,ここでの「使用者にとってトイレはどのようなものであるべきか」という問いは,倫理的判断として提示している。

この点も国際機関のなかで示されている。さきに言及した,1996年の第2回国連人間居住会議ののち,2006年に国連の国連人権促進保護小委員会において『飲料水とサニテーションの権利実現のためのガイドライン』が採択され,「すべてのひとは,公衆衛生と環境の保護に資する適切かつ安全なサニテーションにアクセスする権利を有する」とされた。そして,「適切かつ安全なサニテーション」とは,「(a)家庭,教育機関,職場,または保健機関のなか,あるいはそのすぐ近くで物理的にアクセス可能であり,(b)適切かつ文化的に許容できる質のものであり,(c)物理的な安全が確保されうる場所であり,(d)他の基本的な財及びサービスを得る能力を損なうことなく,誰もが支払える価格で供給されるもの」とされた[13]。ここで述べられていることは，基本的人権を満たすサニテーションとはどのようなものであるべきかということである。これらの文書は原則的には国際法と国内法の準拠基準を定め，政策立案や非政府機関の監視・提言などを可能にするものであるが(COHRE 2008: 17)，サニテーション改善に取り組む人々のもつべき倫理的判断としても読むことができる[14]。

さて，さきの『ガイドライン』は(a)アクセス，(b)質，(c)安全性，(d)安価な利用価格の担保によって，基本的人権としてのサニテーションの要件を満たすとしている。このようなトイレを基礎とするサニテーションがどうあるべきであるのかという点については，ミレニアム開発目標(Millenium Development Goals；MDGs)，SDGsの進捗をモニタリングする国際児童基金(UNICEF)と国際保健機関(WHO)の共同モニタリングプログラム(Joint Monitoring Programme；JMP)によって示されてきた。

それらを踏まえて，国際サニテーション年の2008年に，国際NGO・国際機関の共同で，基本的人権としてのトイレを基礎としたサニテーションについて，つぎのような定義が示されている[15](COHRE et al. 2008)。すなわち，「サニテーションとは，すべての人にとって清潔で健康的な生活環境を確保し，プライバシーと尊厳を確保する排泄物や廃水の施設やサービスへのアクセスとその利用のことである」(ibid.: 17)。ここでは，『ガイドライン』で述べられていたことに加えて，プライバシーと尊厳が言及されている。その含意

---

13)　Guidelines for the Realization of the Right to Drinking Water and Sanitation, 2005. E/CN.4/Sub.2/2005/25.

14)　こうした国際法の文書にみられる倫理的判断は，オバニとグプタの指摘する「サニテーションの基本的人権」についての「規範的内容」と重なる(Obani & Gupta 2016)。彼らは，こうした文書が法律の非専門家にとってもつ意義をより一般的に論じている。

15)　2010年に国連総会で基本的人権としての水とサニテーションの決議がなされている。しかし，そこでは「すべての人にサニテーションを」という点のみが書かれており，その内容は一般的なものにとどまっている(Resolution adopted by the General Assembly on 28 July 2010. 64/292. The human right to water and sanitation. UN general assembly, 3 August 2010, A/RES/64/292.)。

としては，共有トイレでは女性がプライバシーと尊厳を保って利用できるように，男女それぞれのトイレが必要とされることなどのトイレの利用やその利用の範囲が，適切ではないものにしてはならないということにある。とくに女性や子ども，脆弱な状況におかれた人々に配慮したものでなければならないのである(ibid.: 17-20)。

こうした使用者にとってトイレがどのようなものであるべきかという倫理的判断の基準は，トイレの設計・製作・導入においてクリアされる必要のあるものである。他方で，こうしたトイレについての倫理的判断の基準は，サニテーション改善の達成の指標と対応しなければならない。国際社会のなかで示された倫理的判断の基準は，それ自体として，サニテーション改善の目標を示しているからである。

UNICEFとWHOのJMPがSDGsの進捗状況を評価する指標を提示している。この指標は「サニテーション階梯(sanitation ladder)」として表現され，トイレの有無，トイレの種類，共有の有無を基準とした段階として示されている(第2章表5を参照)。サニテーションは，サービスなし(野外排泄)(open defecation)，非改善サービス(unimproved sanitation)，限定的サービス(limited sanitation)，基礎的サービス(basic sanitation)，安全に管理されたサービス(safely managed sanitation)の5つの段階に区別され，基礎的サービスと安全に管理されたサービスは改善されたサニテーション施設として位置づけられる(WHO and UNICEF 2018: 7；本書第2章参照)。

さて，こうした指標は，基本的人権としてのサニテーションの理念とどのように適合しているのであろうか。このサニテーション階梯は2018年に改訂されたもので，それ以前のサニテーション階梯の分類は，ジェンダーの観点から，基本的人権の尊重という点で不十分であるという批判がなされていた(Burt et al. 2016)。ジェンダーとは生物学的な性差ではなく，社会的な性差――それぞれの性別に社会的に期待されている役割の差――を指している。サニテーションの点では，トイレに対する男女の差があると指摘されている。

トイレについての男女差は，トイレのアクセスの頻度，プライバシーと安全性，月経衛生処理，トイレの清掃という4点から考慮される必要がある。

まず，男女のトイレの利用頻度は同じではない。女性のトイレ利用は，通常の排泄に加えて，月経の際の利用，妊娠中の排尿の回数の多さ，幼児保育中の利用という点で男性よりも頻度が多い。その意味で，女性が容易に利用できるトイレが必要とされている。つぎに，女性は性暴力などの性的被害を受ける可能性がある。トイレはプライバシーと安全性が確保されていなければ，安心して利用できない，あるいは利用そのものを控える可能性がある。さらに，トイレだけではなく，使用済み生理用品の適切な廃棄が可能となる設備が備えられている必要がある[16)]。ナプキンなどの適切な生理用品を入手可能にしたり，十分な教育がなされるだけではなく，使用後の生理用品を適切に廃棄できるようにしなければならない。最後に，トイレの清掃は多くの社会のなかで暗黙のうちに女性の仕事とされる。トイレの普及が女性の負担の増加や尊厳の侵害につながらないようにする必要がある。

2つ以上の世帯に共有された改善されたサニテーション施設が，「限定的サービス」と位置づけられていることのひとつの理由には，「プライバシーと尊厳」，「女性や子ども，脆弱な状況におかれた人々」への特別な配慮があるだろう。さきに述べたように，サニテーション改善の指標となるサニテーション階梯は，2018年の改訂以前から他の論点においても議論の対象となっていた[17)]。サニテーション階梯の妥当性についての議論やその改訂は指標を自明のものとみなさず，理念と対照させて指標が適切なものであるのかを検討し，議論によって改良していくことが可能であることを示している。

まとめよう。使用者にとってトイレはどのようなものであるべきかという倫理的判断は，目指すべき目標を明確にし，それを検証させるものである。基本的人権としてのサニテーションという理念は，トイレの設計・製作・導入が理念にかなっているのかどうかという点で検証することができる。そう

16）月経衛生処理の問題については，杉田（2019）からより詳細を知ることができる。

17）「非改善サニテーション」と「改善されたサニテーション」の分類が適切であるのかどうかは議論の対象となっていた（たとえば，Heijnen et al. 2014; Exley et al. 2015）。また，トイレの種類ではなく，トイレの果たしている機能に基づくサニテーション改善の指標が提起されている（Kvarnström et al. 2011）。

した検証は個々の実践のなかでもなされる必要がある。また，目標の設定と検証はマクロな点からもなされるべきであり，実際になされている。JMPの指標についてのジェンダーの観点からの批判は，そうしたものの代表としてみることができる。さらにいえば，基本的人権としてのサニテーションという考え方それ自体もまた，現状のままでよいのかどうかということも考える余地がある。トイレの設計・製作・導入の実践のなかから，基本的人権としてのサニテーションという考え方を拡張することもまたありうることである。

4　誰がどのように人間のし尿を処理するべきであるのか

サニテーションにかかわる仕事は誰かが担わなければならない。たとえば，トイレの清掃は誰かがやらなければならない。ピットラトリンであれば，溜まったし尿の汲み取りを定期的におこなったりする必要がある。また，そうしたし尿は特定の場所や処理場に運ばれなければならない。人力で運ばれる場合もあれば，トラック，バキュームカー，あるいは下水道を通じて運ばれる場合もあるだろう。いずれにしても，運搬を担ったり，そのシステムを維持したりする人々が必要とされ，処理場においても，それを運用し，維持する人々が必要である。つまり，いかなるサニテーション技術を採用するとしても，その技術の運用・維持には，し尿の保管・運搬・処理・廃棄のプロセスを支える人間が不可欠である。世帯内でのトイレ清掃のような賃金の払われない労働[18)]も含めて，し尿の保管・運搬・処理・廃棄のプロセスを支える労働をここではサニテーション・ワークと呼び，サニテーション・ワークを

18)　世帯内での家事労働は，とくに女性の配偶者に偏ってなされる場合が多い。こうした世帯内での家事労働を不払い労働として捉える議論がある。つまり，世帯内の家事労働は正当な対価なしに一方的に働かされているとも考えられる（家事労働をめぐる議論は数多くなされているが，ひとつの議論として立岩・村上(2011)が参考になる）。サニテーションに関しては，トイレの清掃の負担や健康リスクについてのジェンダー差が考慮される必要がある。

担う人をサニテーション・ワーカーと呼ぶ。

適切なサニテーション施設がつくられれば，問題が解消するわけではない。しかし，近年にいたるまで，サニテーション・ワーカーはあまり考慮にいれられていなかった。さきにみたJMPによるSDGsのサニテーション改善の指標では，サニテーション・ワーカーの権利保障につながる項目はない[19]。前節でみた，2008年の国際NGO・国際機関による基本的人権としてのサニテーションを謳ったペーパーにおいても，わずかに1行，サニテーション・ワーカーにおける健康リスクの低減の必要性が指摘されているのみである(COHRE et al. 2008: 18)。2019年に国際機関によるサニテーション・ワーカーについての最初の報告書がようやく出された(World Bank et al. 2019)。そこでは，サニテーション・ワークにおける，身体的・精神的な健康リスク，社会的な差別，賃金や労災補償などの労働条件の悪さといった問題点が，いくつかの具体的な事例をもとに示され，国際的な規制やガイドラインなどの作成の必要性が指摘されている。ここでは，現状の問題が述べられている。しかし，そうした現状の問題をどのように考えればよいのか。問題はそれ自体として解消されなければならないが，そうした問題がどのような構造のなかで生み出されているのか。そうしたことを考える必要がある。

そこで参考になるのは，倫理学者のマイケル・ウォルツァー(Michael Walzer)によって提示された「負の財」の分配という考え方である。彼は，サニテーション・ワークを含む「辛い仕事」(ハード・ワーク)について，つぎのように述べている。「人々が求めていない仕事，もしも最小限であれ魅力的な別の選択肢がありさえすれば選ばれないであろうような仕事……。この種の仕事は負の財であり，ふつうその結果として，たとえば貧困，不安，

---

19) 国際労働機関(ILO)の立場としては，サニテーション・ワーカーの課題は，サニテーションを対象としたSDGsの目標6だけでなく，SDGsの目標8である「すべての人々のための持続的，包摂的かつ持続可能な経済成長，生産的な完全雇用およびディーセント・ワークを推進する」にもまたがるものとして捉えている(World Bank et al. 2019: 2)。しかし，いずれにしても，サニテーション・ワーカーの状況改善の明確な指標はつくられていない。

病気，肉体的危険，不名誉，頽廃といった他の負の財をもたらす。しかし，社会的にはこれは必要な仕事なのである」(ウォルツァー 1999：255)。もちろん，あらゆる社会のあらゆる状況において，サニテーション・ワークが，ここで述べられた「辛い仕事」と合致するわけではない。しかし，ウォルツァーの洞察が的確にサニテーション・ワークの特徴を浮かびあがらせている。すなわち，サニテーション・ワークが，(a)人々が進んでやりたいと思わない「負の財」となりうること，(b)「貧困，不安，病気，肉体的危険，不名誉，頽廃」などといった他の「負の財」をもたらしうること，(c)社会的に必要な仕事であること，である。そして，(d)「辛い仕事は地位の低い人々に配分される」(ibid.: 256)。

ウォルツァーは，社会を財の分配をおこなう仕組みとして理解している。社会における財の分配に偏りがある場合，財の再分配をおこなうことで，不正義の状態が解消される。これを分配的正義という。通常，分配的正義は財の再分配として理解される。ウォルツァーはこれに「負の財」という考え方を付け加えている。「負の財」の配分に不均衡があるという捉え方によって，悲惨な状況が存在しているとみなすのではなく，悲惨な状況となる「負の財」の不均衡な分配を社会が暗黙のうちに認めてしまっている，と考えることができる。そして，悲惨な状況を減らすだけではなく，悲惨な状況となる「負の財」の公平な分配による偏りの是正を提案するのである。

ウォルツァーの第一の提案は，「辛い仕事」そのものを均衡に配分することである。「辛い仕事」を市民の間で分担し，交代でおこなわせるというものである(ibid.: 258-259)。特定の人(たち)に「辛い仕事」を押しつけるのではなく，成員全員が持ち回りで「辛い仕事」を担うというものである。単一世帯や複数世帯間では，これはひとつの現実的な解であり，実際におこなわれていることでもあるだろう。しかし，ウォルツァーが論じていることはそれだけではない。

第二の提案は，「負の財」を経済の領域と転換させるものである。ウォルツァーは「負の財」としての兵役との類比によって，必要不可欠な仕事としての鉱山労働者に対する「鉱山の安全性調査，直接的必要から構想された健康への配慮，早期の退職，相当の年金といった，救済の費用の分配を受けている徴集兵のように扱っていいであろう」としている（ibid.: 262）。社会の維持に必要不可欠な仕事の補償を公共的におこなうという考え方である。

第三の提案は，「辛い仕事」の社会的地位をあげることである。これはさきの提案と重なるが，ウォルツァーは，労働時間を制限させるなどの労働条件を大幅に改善したり，公職にして安定した地位を確保したり，仕事の名称を誇り高いものにしたりすることで，社会的地位を上昇させる例をあげている（ibid.: 276-277）。

こうした考え方はサニテーション・ワーカーについても当てはまり，また一部については実際に実践されているかもしれない。その点については，われわれはもっと人々の生み出している実践の知恵から学ばなければならない。ウォルツァーもまた，徴集兵，鉱山労働者，ゴミ清掃組合，家政婦などのさまざまな地域での実践から，「負の財」の公平な分配という思想をねりあげている。人々は日々の実践のなかで，よりよい，より「正しい」あり方を模索している。実践のなかにある倫理を学ぶという姿勢もまた重要なことである。

誰がどのように人間のし尿を処理するべきであるのかという倫理的判断は，社会を維持するうえで必要不可欠なサニテーション・ワークをどのように公平に分担すべきかという問いへと変換して理解することができるだろう。言い換えれば，サニテーション・ワーカーの問題については，その負担を軽減することとともに，社会のなかでの公平な分配が必要とされているのである。

5　人間のし尿を処理する技術はどのようなものであるべきか

一見すると技術開発は合理的に進行し，倫理的判断の介在する余地はないように思われる。必要とされている技術があれば，あとは現実的な条件に基づいて，その技術をいかにして生み出していくのかという技術開発の専門的な問題となるようにみえる。しかし，必ずしも，技術と倫理は分けられるものではない。そして，人間のし尿を処理する技術，つまり，サニテーションの技術もまた同様である。その核となる倫理的判断は，人間のし尿を処理する技術はどのようなものであるべきか，ということになる。

アメリカにおける工学倫理の発展の基礎は専門家としての職業倫理である倫理綱領の整備にある（札野・金光 2015）。医者の職業倫理の基礎が患者の生命を守ることにあるように，技術者・工学者（エンジニア）もまた，専門家としての守るべき職業倫理を有している。1987年に採択され，2001年に改訂された世界技術組織連盟（World Federation of Engineering Organizations）の倫理綱領はつぎのようなものとなっている[20]。

公衆の安全・健康・福利

「プロフェッショナルとしてのエンジニアは，公衆の安全・健康・福利，および，持続可能な発展の原則にもとづく自然環境と構築環境の保護を最優先にしなければならない」。

依頼主・雇用主への忠実さ

「プロフェッショナルとしてのエンジニアは，その依頼主，あるいは雇用主に対して忠実な代行者として行動……しなければならない」。

安全性

「プロフェッショナルとしてのエンジニアは，職場の健康（衛生）と安全を促進しなければならない」。

利害の対立の回避

「プロフェッショナルとしてのエンジニアは，彼らの雇用主あるいは依頼主に関わる利害が対立する状況を回避しなければならない。しかし，万が一そのような対立が生じた場合には，対立が生じている関係者にその対立の性質を，直ちに完全に開示する責任を技術者は負う」。

社会・環境への配慮

「プロフェッショナルとしてのエンジニアは，（技術的な）行為や事業が社会や環境にもたらす影響を自ら認識するとともに，依頼主や雇用

20）以下の倫理綱領の要約と翻訳は，札野・金光（2015：116-117）からの引用である。

主にもこうした影響を認識させるように努めなければならない」。

公益通報(内部告発)

「プロフェッショナルとしてのエンジニアは，他のエンジニアなどが非合法的なあるいは非倫理的な技術に関する決定や実践を行った場合，それを自らが属する協会および(あるいは)適切な機関に報告しなければならない」。

ここでは，技術者・工学者として，どのように行動するべきかという倫理的判断の基準が示されている。サニテーションの技術にかかわる技術者・工学者もまた同様に，こうした倫理的判断を参照することが必要とされる。倫理綱領やガイドラインはチェック項目としてあるだけではなく，それらに基づいて個々の事例で内省的に考える指針となるものである。

他方で，この倫理綱領は技術がどのようなものであるべきかという倫理的判断を含んだものとなっている。技術とは，公衆の安全・健康・福利への貢献に貢献し，安全性・社会的影響・自然環境に配慮されたものでなければならない，とされている。こうした倫理的判断は必ずしも抽象的で理念的なものであるわけではない。たとえば，設計の場面では，求められている諸条件のトレードオフが生じる場合がある。工学倫理学者の伊藤はつぎのような技術者・工学者の言葉を引用している。

「厳密に実行しようとすると多くの場合，コストが上昇し，使い勝手が悪くなり，性能を落とさざるを得なくなる。物自体の安全性向上と，警告表示の間のどこで設計をするかは，倫理の問題である」(伊藤 2005：103)。そして，こうした諸条件のトレードオフは実際に設計していくなかで明確なものとしてあらわれてくる。つまり，最初から決められた静的な条件としての制約条件を満たすように設計するというのではなく，設計の過程のなかで制約条件が詳細化・具体化し，諸条件のあいだのトレードオフの設定をすることになる(ibid.: 103)。つまり，技術開発と倫理的判断は動態的に絡まりあっているのである。

それでは，サニテーションの技術はどうあるべきなのだろうか。たとえば，環境衛生工学者である楠田は，持続可能な社会のために必要とされるサニテーションのあり方を技術・社会関係資本・経済の3点から論じている(Kusuda 2019)。持続可能な社会の構築に合致するサニテーションとは，再生可能なエネルギーを用い，資源循環を成立させ，社会関係資本を蓄積させるようなものである。そのためには，サニテーションの技術は，太陽光や地熱などの再生可能エネルギーから供給されるべきであり，人間のし尿は肥料や固形燃料としてリサイクルされるべきである。また，楠田はサニテーションの維持管理をローカルにおこなうことで，市場経済の論理をサニテーションの運用からは除外し，サニテーションの維持管理によって社会関係資本を形成させるようにすべきであると主張している。さらに，こうした運用に地域通貨を導入し，地域内でサニテーションをめぐる経済が完結するようにすべきであるとする。

楠田のそれぞれの主張に対して，議論や検討は必要とされるだろう。しかし，この主張は，サニテーションの技術がどのようにあるべきかという倫理的判断の新しい基準を設けようとするものとして重要な指摘である。こうしたサニテーションの技術がどのようにあるべきかという倫理的判断は，具体的でミクロな問題(トイレの設計・製作・導入)と，より抽象的でマクロな問題(サニテーションの技術開発)のふたつにかかわっている。これは工学倫理におけるミクロ問題とマクロ問題(Herkert 2001)のそれぞれにおおまかに対応するだろう。

工学倫理におけるミクロ問題とは，技術者・工学者としての個人が特定の倫理的判断をする際に生じるものである。サニテーションでいえば，トイレの設計・製作・導入のプロセスのなかで，どのようなサニテーションの技術であるべきかという倫理的判断は不可欠である。実際には，さきの設計の場面における倫理的判断にみたように，「環境に配慮すべきである」，「地域文化に配慮すべきである」といった抽象的な判断基準が，設計のプロセスを経るなかで，具体的な諸条件の調整としてあらわれてくることになる。しかし，「環境に配慮すべきである」，「地域文化に配慮すべきである」などといった倫理的判断は，ある種の理想や理念としてあって，現実には実際上の諸条件によって無視されるために，実際には意味をもたないということではない。むしろ，サニテーションの技術がどうあるべきかという倫理的判断に議論がつくされて，共有された倫理的判断が示されれば，それが判断基準として参照可能になるだけではなく，現実的な諸条件のなかで，どの条件を優先させるべきかというより具体的で実践的な判断基準を示すことが可能になる。その意味で，ミクロ問題として，サニテーションの技術がどのようにあるべきかという倫理的判断はさらに議論を精緻化させることによって，サニテーション改善の現場に資することになる。

他方で，サニテーションの技術がどのようにあるべきかという倫理的判断は，国際機関・国内関連団体・学会などが技術開発の方向性を与えるという点で工学倫理におけるマクロ問題と関連している。どのような技術を開発すべきかという方向性は，必ずしも個人だけで決定できるものではない。技術者・工学者は，関係している制度や組織のなかで活動をおこなっており，そうした制度や組織の示す方向性に大きく影響を受ける。たとえば，サニテーションの技術がどのようにあるべきかという点について，さきに引用した楠田は，低コストでシンプルなものが望ましいという倫理的判断を示している(Kusuda 2019: 8)。これはひとつの例であるが，サニテーションの技術の評価基準として，低コストとシンプルさを必須の項目として認め，そのような技術開発へのインセンティブを業界が与えることで，倫理的判断はその判断に即した技術の発展に資することができる。

人間のし尿を処理する技術はどのようなものであるべきかという，一見すると倫理的判断の介入する余地のないように思われる問いも，倫理的判断の対象となっていることがわかるだろう。そして，技術がどうあるべきかという倫理的判断は，理念や理想を精緻化し，より説得的な判断基準を設けていくとともに，技術者・工学者の個別の実践のなかでなされている倫理的判断を内省的に振り返ることで，現実のサニテーション改善の現場に大きく資するものとなるのである。

6　人間のし尿を処理する技術はどのように導入されるべきか

地域社会に適したトイレを導入すれば，サニテーションの問題はすべからく解決する，というわけではない。トイレの導入の仕方によっては，サニテーション改善が見込めないだけではなく，人々の間の格差が拡張することさえありうる。人間のし尿を処理する技術はどのように導入されるべきかという倫理的判断は，サニテーション改善において最も重要なもののひとつである。

JMPによれば，2015年段階で，世界では24億人の人々が改善されたサニテーション施設を有していないとされる(JMP 2015: 5)。こうした状況のなかで，世界各地でのサニテーション改善をおこなうために，さまざまな試みがなされている。そのなかで代表的なもののひとつとして，コミュニティ主導型総合サニテーション(Community-Led Total Sanitation，以下，CLTS)がある。

CLTSは，1999年にカマル・カール(Kamal Kar)というインドの開発エンジニアが，ウォーターエイド(WaterAid)という国際NGOとバングラデシュの現地NGOとともに実施した手法で，UNICEFなどの後押しを得て，南アジア，東南アジア，アフリカ，ラテンアメリカへと普及している(Mehta 2010: 2-3)。CLTSの問題意識は，補助金によるトップダウンのトイレ建設では，人々が自らトイレをつくることがなく，野外排泄をおこなう慣習がなくならないというところにあった。そこで，この手法では，野外排泄という行動を変容させるために，どこで排泄しているのか，そうした排泄物が直接口に含まれていることを，ファシリテーターを介した住民参加型のワークショップでともに認識し，恥ずかしさや嫌悪感をコミュニティにもたらし，人々の行動を変容させ，トイレを普及させるというものである(ibid.: 3-4)。

CLTSに限らず，公的機関の資金にできるだけたよらず，民間の努力によってトイレを普及させるという考え方は，一般的なものとなっている。1980年代から現在にいたるまで，開発援助の考え方として，コミュニティの参加とコミュニティ管理，民間セクターの参加は共通したパラダイムを形成し，それはサニテーションの分野においても同様である（Rosenqvist et al. 2016）。これは開発援助をおこなうドナー国の「援助疲れ」によって，大規模な資金援助をおこなう開発が廃れ，トップダウンの開発手法では必ずしも状況は改善しなかったことに起因している。さらに，途上国の農村へのサニテーションの導入は大規模な所得を生み出すものではないため，公共投資がなされにくい分野である。CLTSは大規模な資金援助にたよらず，住民参加型の手法であると同時に，恥ずかしさや嫌悪感といった感情を引き金にしてトイレを普及させるという点で独自のものであり，国際機関や国際NGOに広く受け入れられていった。しかし，恥ずかしさや嫌悪感に焦点化するCLTSの手法は，野外排泄をする／せざるを得ない人たちを中傷し，社会の構成員から除外するようなラベルを貼りつけ，トイレの導入を強制させるといった事例も生じさせているという点から批判を受けている（Bartram et al. 2012）。

このような極端な事例に限らず，そもそも住民参加や民間参入，行動変容の手法が必ずしもすべてのケースにおいて正しいといえるのかどうかは個別の検討が必要とされる。たとえば，サニテーション・サービスが完全に民間業者に担われた場合，サニテーション・サービスの設置・維持・普及が公共投資なしに成立するメリットがある一方で，サービス料を支払うことのできない貧困層はサニテーション・サービスを受けることができなくなる可能性がある（Rusca et al. 2018: 213）。タンザニア最大の都市であるダールサラームの2008年の事例では，貧困層の居住する地区では，住民はピットラトリンの汲み取りの必要性を理解しており，住環境を悪化させていると認識しているものの，ピットに満杯になったし尿の汲み取り料金が，月収に比して高価であるがゆえに利用できていない（Jenkins et al. 2015）。

また，住民参加もまた，すでに周縁化されている人々をさらに周縁化する可能性がある。CLTSに限らず，住民参加の手法では隣人たちの同調圧力（ピアプレッシャー）を用いて，トイレの普及を推進しようとする人々にとって望ましい行動をさせようとすることがしばしばみられる（Rusca et al. 2018: 216）。特定のコミュニティにおける住民全体の合意が，そのコミュニティの発言力の強い人物の意向によって成立し，立場の弱い人々を排除したものになるということは考えうることである。「自発的に」トイレを所有する世帯が増加するなかで，トイレを所有する余裕のない世帯が差別を受けるといった事態が生じている(Engel and Susilo 2014)。

もちろん，ここでおこなわれていることは，サニテーション改善を目的としてなされたことである。こうした試みは数量的にみれば，あるいは，全体としてみれば，サニテーションの改善がみられるのかもしれない。しかしながら，ここでとりあげたような事例で生じたことを望ましいものとして是認することは困難である。つまり，サニテーションの改善という結果としての正義だけではなく，正義の達成される手続きもまた公正である必要がある。こうした正義は，一般的に手続き的正義と呼ばれている。

手続き的正義では，意思決定における当事者の公正な参与――当事者の声が受け入れられること，公的機関や他の参与者から偏見を受けず尊重されること，適切な情報提供がなされること，新たな情報に直面した場合に判断を訂正されうること――が要求される(Maguire and Lind 2003)。言い換えれば，人間のし尿を処理する技術はどのように導入されるべきかという倫理的判断は，新たに導入される技術についての意思決定が手続き的正義に則ったものであるのかという具体的な検証の対象となる。

しかし，こうした手続き的正義は，意思決定の形式的な手続きを踏まえればよいとしてしまってはならない。環境倫理学における手続き的正義を踏まえて，倫理学者のアクセル・ホネット(Axel Honneth)の言葉を引用して，サニテーションの正義を論じるルスカらがいうように(Rusca et al. 2018: 212)，正義の探求は「「屈辱」や「蔑視」の回避」を出発点とすべきである(Honneth 2004)。それは，大上段に構えた正義をあまねく世界に浸透させるというイメージではなく，個別具体的な人々の直面する共通悪の回避としての正義のあり方であるといえる(大川 1999)。そして，こうした考え方は，本章で論じてきたさまざまな倫理的判断を基礎づけるものでもある。

結　論

本章では，サニテーションと倫理とのかかわりを述べてきた。まず，倫理とは「すべきだ／しなくてはならない／してもよい／してはならない」という人間の行為についての価値判断であり，倫理的判断が，どのような理由づけによって正当化されるのか，その理由づけが妥当なものであるのかという点において検証可能なものであることを述べた。このような検証をおこなう学問として倫理学がある。サニテーションの倫理とは公衆衛生倫理・工学倫理・環境倫理にまたがって応用倫理学のひとつの領域である一方で，サニテーションには固有の倫理的問題があり，サニテーションの倫理的問題は必ずしも倫理学の範疇にとどまるものでもないことを述べた。サニテーションに固有の問題系についての知識を踏まえて，サニテーションの倫理を整理し，検討することが必要であるとした。そのうえで，サニテーションの倫理を，サニテーションがどうあるべきかという根本的な問いから派生する5つの倫理的判断――すなわち，(1)トイレは普遍的に提供されるべきものであるのか，(2)使用者にとってトイレはどのようなものであるべきか，(3)誰がどのように人間のし尿を処理するべきであるのか，(4)人間のし尿を処理する技術はどのようなものであるべきか，(5)人間のし尿を処理する技術はどのように導入されるべきか――に切り分け，それぞれの倫理的判断についての考え方をまとめた。

ここで述べたことが，サニテーションの倫理のすべてではない。さきに述べたように，公衆衛生倫理・工学倫理・環境倫理ですでに論じられているトピック――パターナリズムと自律，リスク評価の問題，世代間倫理など――については触れることができなかった。それらの論点は註釈に示した概説書からまた個別に考える必要があるだろう。さらにいえば，ここでの論理は思考と検証の入口であって，専門的にはさらに細かな論理が必要とされる。とはいえ，サニテーション改善の実践にあたって，倫理的判断を不可避的におこなわなければならないことは理解できるだろう。

サニテーションの維持や改善のためにと思って赴く現場の実践のなかで，

本章の冒頭に述べたように，自らの実践の「正しさ」について思い悩むことがあるかもしれない。ここで述べた倫理的判断の考え方は，そうした悩みに部分的に答えられることもあるだろう。しかし，重要な点は，本章で述べた考え方を覚えて自らの実践を正当化するということではない。むしろ，ここでの考え方を糸口に自らの論理をつくりあげ，倫理的判断を洗練させることが必要である。「正しさ」についての思索は必ずしも机上の空論にとどまらない。個々の倫理的判断は具体的な実践の判断基準となり，個別具体的な実践はまた倫理的判断の妥当性を問いかけるものとなる。

本書の第5章と第6章では，サニテーションの維持や改善のための具体的な取り組みの手法が示されている。そこでは，専門家が現場でどのようにかかわっていくのかという方法論やその模索が書かれている。本章で述べてきたことは，そうした現場でのかかわり方，模索のあり方やその方向性を基礎づけるものであると同時に，そうした方法論を不断に問いなおす考え方を示したものである。

現場の状況はときと場合によって変わりうるものではある。その時々に応じて，かかわり方は変えていかなければならない。しかし，他方で，それはやみくもになされるものでもない。状況を考えるための軸となるものは存在する。そのような軸となるものを本章では書いてきた。

ひとは実践のなかで考え，考えるなかで実践する。倫理と実践は本来的には不可分に結びついている。それを意識化し，言葉にし，整理して議論の俎上にのせることによって，よりよいサニテーション改善の実践がなされるようになるだろう。

参考文献

赤林朗・児玉聡編(2015)『公衆衛生倫理　入門・医療倫理 III』勁草書房.
赤林朗・児玉聡編(2018)『入門・倫理学』勁草書房.
伊藤均(2005)「設計に基づく工学倫理」齊藤了文・岩崎豪人共編著『工学倫理の諸相　エンジニアリングの知的・倫理的問題』ナカニシヤ出版, 90-111頁.
岩崎豪人(2005)「安全性とリスクの倫理」齊藤了文・岩崎豪人共編著(2005)『工学倫理の諸相　エンジニアリングの知的・倫理的問題』ナカニシヤ出版, 40-67頁.

ウォルツァー，M.(1999)『正義の領分　多元性と平等の擁護』山口晃訳，而立書房.
宇都宮芳明(2019)『倫理学入門』筑摩書房.
大川正彦(1999)『正義』岩波書店.
岡真理(2019)『彼女の「正しい」名前とは何か――第三世界フェミニズムの思想　新装版』青土社.
加藤尚武(2020)『新・環境倫理学のすすめ　増補新版』丸善出版.
鬼頭秀一(2004)「リスクの科学と環境倫理」丸山徳次編『岩波　応用倫理学講義　環境』岩波出版，116-138頁.
鬼頭秀一・福永真弓共編著(2009)『環境倫理学』東京大学出版会.
サイード，E.(1993a)『オリエンタリズム　上』今沢紀子訳，平凡社.
サイード，E.(1993b)『オリエンタリズム　下』今沢紀子訳，平凡社.
齊藤了文・岩崎豪人共編著(2005)『工学倫理の諸相　エンジニアリングの知的・倫理的問題』ナカニシヤ出版.
品川哲彦(2020)『倫理学入門』中央公論新社.
杉田映理(2019)「月経衛生対処(MHM)の開発支援および研究の動向」『国際開発研究』28(2)241-257頁.
立岩真也・村上潔(2011)『家族性分業論前哨』生活書院.
ハリス，C.・M.プリチャード・M.ラビンズ(2008)『第3版　科学技術者の倫理　その考え方と事例』社団法人日本技術士会訳編，丸善出版.
札野順編著(2015)『新しい時代の技術者倫理』放送大学教育振興会.
札野順・金光秀和(2015)「技術者としての行動設計(2)」札野順編著『新しい時代の技術者倫理』放送大学教育振興会，107-126頁.
八木晃一(2005)「工学におけるリスク問題」齊藤了文・岩崎豪人共編著(2005)『工学倫理の諸相　エンジニアリングの知的・倫理的問題』ナカニシヤ出版，20-39頁.
吉永明弘・寺本剛共編著(2020)『環境倫理学』昭和堂.
Bartram, J., Charles, K., Evans, B., O'hanlon, L., & Pedley, S. (2012) Commentary on community-led total sanitation and human rights: should the right to community-wide health be won at the cost of individual rights? *Journal of water and health*, 10(4), 499-503.
Burt, Z., Nelson, K., Ray, I. (2016) *Towards Gender Equality Through Sanitation Access*. New York: UN Women.
COHRE (Centre on Housing Rights and Evictions) (2008) *Legal Resources for the Right to Water and Sanitation International and National Standards*. 2nd edition. Geneva: Centre on Housing Rights and Evictions.
COHRE, WaterAid, SDC (Swiss Agency for Development and Cooperation) and UN-HABITAT (2008) *Sanitation: A human rights imperative*. Geneva: Centre on Housing Rights and Evictions.
Engel, S., & Susilo, A. (2014) Shaming and sanitation in Indonesia: a return to colonial

public health practices?. *Development and Change*, 45(1), 157-178.

Heijnen, M., Cumming, O., Peletz, R., Chan, G. K. S., Brown, J., Baker, K., & Clasen, T. (2014) Shared sanitation versus individual household latrines: a systematic review of health outcomes. *PloS one*, 9(4), e93300.

Herkert, J. R. (2001) Future directions in engineering ethics research: Microethics, macroethics and the role of professional societies. *Science and engineering ethics*, 7(3), 403-414.

Honneth, A. (2004). Recognition and justice: Outline of a plural theory of justice. *Acta sociologica*, 47(4), 351-364.

Jenkins, M. W., Cumming, O., & Cairncross, S. (2015). Pit latrine emptying behavior and demand for sanitation services in Dar Es Salaam, Tanzania. *International journal of environmental research and public health*, 12(3), 2588-2611.

JMP (Joint Monitoring Programme) (2015) *Progress on sanitation and drinking water: 2015 update and MDG assessment*. Geneva: World Health Organization.

Kusuda, T. (2019) Development of sanitation toward sustainable society. *Sanitation Value Chain*, 3(1), 3-12.

Kvarnström, E., McConville, J., Bracken, P., Johansson, M., & Fogde, M. (2011) The sanitation ladder—a need for a revamp?. *Journal of Water, Sanitation and Hygiene for Development*, 1(1), 3-12.

Maguire, L. A., & Lind, E. A. (2003). Public participation in environmental decisions: stakeholders, authorities and procedural justice. *International Journal of Global Environmental Issues*, 3(2), 133-148.

Mehta, S. (2010) Introduction: Why shit matters: Community-led Total Sanitation and the sanitation challenge for the 21st century. In: Mehta, L. and S. Movik (eds.), *Shit Matters: The potential of community-led total sanitation*. Practical Action Publishing: Rugby. pp. 1-24.

Obani, P., & Gupta, J. (2016). Human right to sanitation in the legal and non-legal literature: the need for greater synergy. *Wiley Interdisciplinary Reviews: Water*, 3(5), 678-691.

Rosenqvist, T., Mitchell, C., & Willetts, J. (2016). A short history of how we think and talk about sanitation services and why it matters. *Journal of water, sanitation and hygiene for development*, 6(2), 298-312.

Rusca, M., Alda-Vidal, C., & Kooy, M. (2018) Sanitation justice?: The multiple dimensions of urban sanitation inequalities. In R Boelens, T Perreault (eds.), *Water Justice*, J Vos, pp. 210-25. Cambridge, UK: Cambridge Univ. Press.

World Bank, ILO, WaterAid, & WHO (2019) *Health, Safety and Dignity of Sanitation Workers: An Initial Assessment*. Washington: International Bank for Reconstruction and Development / The World Bank.

WHO, UNICEF (2017) *Progress on drinking water, sanitation and hygiene: 2017 update and SDG baselines*. Geneva: WHO and UNICEF.

WHO / UNICEF (2018) Core questions on drinking water, sanitation and hygiene for household surveys: 2018 update. New York: WHO and UNICEF.

第5章　介入と社会変革

山内太郎

はじめに

第4章では，サニテーションに関連する技術の開発・導入の際や，サニテーション改善の実践の場で考えるべき倫理の問題をとりあげた。本章では，サニテーション関連の技術を使う当事者，つまりトイレを使用する人々の行動に焦点を当てる。たとえば，野外排泄が慣習的におこなわれている地域社会においてサニテーションの改善をおこなうためには，サニテーションの倫理を踏まえて適切にトイレを導入することに加えて，これまでにトイレを使用していなかった人々がトイレを使用するという行動変容について考えなければならない。人々がトイレを持続的に使用するためには，適切なサニテーションを維持するための社会的な仕組みが必要であることは先に論じたが(本書第3章)，いくら仕組みが整ったとしても，そもそも人々がこれまでの生活習慣，行動パタンを変えて，トイレを使用することを新たな習慣としなければ，サニテーションの仕組みは維持できない。言い換えれば，社会的な仕組みが整うことに加えて人々の行動が変容すること，その両輪が揃うことで初めてサニテーションの仕組みが成立するのである。

人々の行動変容を促すために，これまでに国際機関，国や地方自治体，NGOなどによる介入が多数おこなわれてきた。それらは主として衛生教育や健康増進を目的とするプログラムであったが，健康のためという理由のみでは，人々の行動変容は難しいことが知られている(Jenkins & Curtis 2005)。その理由は次の2点に集約される。1. サニテーションの健康影響は個人ではなく，集団において統計的に把握されるということ。つまり，個人の健康に対するサニテーションの影響はわかりにくく，実際に個人にとっても実感しにくい。2. サニテーションの健康への影響は一般に長い時間がかかること。サニテーションの不備や不足が人の健康リスクの増加として顕在化する，あるいはサニテーションの改善が健康リスク減少として顕在化するまでには長い時間を要するため，その影響(効果)の把握は難しい。しかし，この2点のみではない。「トイレの使用」を例にして考えると，人々がトイレを使用するかどうかは，安全やプライバシーの確保，衛生や環境に対する意識や倫理，さらに経済，文化，生活習慣など，さまざまな要因が影響しており，健康という要因だけでその行動を変えられるものではない。

行動変容とは，新たな規範や倫理，価値観，あるいは習慣によって，いわば新たな文化が醸成されることである。人々の行動が変わると当然その社会も変わる。とはいえ，行動はその当事者だけで変えられるものではなく，人々が新たな規範や倫理，価値観を手に入れ，習慣化するためには，少なからず外部からの働きかけ，すなわち介入が必要になる。本章では，サニテーション行動の変容，とくに「トイレを使わなかった人々がトイレを使う」という行動変容とそのための介入のあり方について考えてみる。まずサニテーションに関する行動と決定要因を整理し，続いて，人々の行動変容を促すための外部からの介入はどうあるべきかについて，既存のアプローチを紹介しながら考察する。そのうえで，行動変容がどう社会を変革していくのかを議論する。最後に，介入と共創の位置づけについても考えてみたい。

1　サニテーション関連の行動と決定要因

行動変容への適切な介入のためには，人々の現状の行動を整理し，その行動をする要因(行動の決定要因)を理解することが重要である。ここでは，サニテーション関連の行動と決定要因について整理し，そこにどのような特質があるのかを考える。

サニテーションに関連する行動は多岐にわたるが，トイレの使用に焦点を当てると，「トイレを設置する」という行動が「トイレを使用する」という行動に必ずしも結びつくとは限らない。トイレが利用可能であるということと，トイレを継続的に使用するのは別の問題である(Gaen et al. 2017)。実際，既存のトイレが使用されないケースは多々あり，その理由もさまざまである(WHO 2018)。

・特定の利用者，とくに女性，高齢者，障がい者にとって，施設が利用しづらい。
・プライバシーが十分に確保できない。
・トイレが設置されている場所が安全ではなく，ハラスメントや暴力，その他の身体的・精神的な危害を受ける可能性がある。
・設備の破損，汚れがあり，使い心地が悪い。
・トイレを使用するより野外排泄を選好する。
・利用時間が制限されている。必要とするときに施設が利用できない(たとえば，夜間は施錠される)。
・長期間の使用によって蓄積されたし尿の処理への心配やトイレ施設の維持管理の手間などを考えて利用を避けてしまう。
・トイレが他の世帯と共有されているため利用を控える(家族内に使用が限られている場合でも使用を控えることもある)。
・場所が遠いこと，待たなければならないこと。

列挙した理由を眺めてみると，トイレを使用しないという行動の背景には，物理的環境要因(気候，地理，施設へのアクセス，施設の質，安全性)や経済的要因(商品やサービスへのアクセス，コスト)があることがわかる。加えて，迷信やタブーなどといった社会文化的要因(Sclar et al. 2018)，補助金の利用可能性や罰金・罰則の施行などの制度的要因もあるだろう。そのうえで，行動の直接的な決定要因としては，個人の経験(使い心地が悪い，使い方がわからない，維持管理の手間など)，トイレを利用する状況(プライバシーが確保されない，使用時間が制限される，待たなければならないなど)，そのときの心理状態(気分やムード)などの要素が複雑に関係しており，さらにトイレの仕組みや使用方法に関する知識，衛生に対する動機，習慣化なども要因として考えられる。野外排泄の決定要因も同様で，トイレの数の不足，トイレの質の悪さ(悪臭や汚れ)といった背景的要因に加え，トイレの使用に慣れていない(習慣がない)，健康や安全のリスクへの影響に対する意識の低さなどが行動の決定要因といえる。また，行動の決定要因は個人だけでなく，家庭，コミュニティなど，さまざまなレベルに存在する。家庭レベルの決定要因としては，家庭内での役割や責任，分業など，コミュニティレベルでは，トイレの使用に関する社会的規範や，施設の管理維持などが決定要因にあげられるだろう。「トイレを使用しない」という行動ひとつをとっても，じつにさまざまな要因があることがわかる。さらに，これらの背景や決定要因は単独ではなく，複合的にその行動に影響を与えている。行動の決定要因と実際の行動の関係はきわめて複雑である。

サニテーションとは人のし尿を安全に処理する仕組みのことであり，そのカバーする範囲は幅広い。つまり，サニテーションに関連する行動とは，トイレを継続的に使用するだけではなく，トイレの維持・管理をしっかりおこなう，手指衛生を十分におこなう，また子どもや大人の排泄物に比べて見過ごされがちである乳幼児の排泄物を衛生的に処理するなど多岐にわたるうえに，サニテーションが効果的におこなわれる(すなわち，人々がし尿中の病原体に接触することなく，病原体を環境から安全に除去する)ためには，それらの行動が相互に連関していなければならない。サニテーションに関連する行動変容のための介入は，このように，ひとつの行動に複数の決定要因やまた別の行動が入り組んでいるというサニテーションに固有の複雑さや特質を十分に理解したうえで，注意深くおこなわれる必要がある。

2　行動変容のための介入アプローチ

サニテーションに関連する行動変容のための介入アプローチは，さまざまな方法が考案され，実践されている。ここでは，主要なアプローチとして，(1)情報(Information)，教育(Education)，コミュニケーション(Communication)に基づくアプローチ(IEC アプローチ)，(2)コミュニティを主体とするアプローチ，(3)社会的・商業的マーケティングアプローチ，(4)心理学的・社会学的理論に基づくアプローチ，の4つについて紹介する(De Buck et al. 2017)。

(1)　情報，教育，コミュニケーションによるアプローチ(IECアプローチ)

公衆衛生の向上を目的とした行動変容を促す際に広く用いられているアプローチで，情報を発信したり，教育や啓蒙活動をおこなったりして人々の意識を向上させる。たとえば，新聞，雑誌，ラジオ，テレビといったマスメディアを用いて啓蒙的な情報を伝達する方法や，グループワークや参加型活動などが知られている。IECアプローチの代表例として「参加型衛生・サニテーション変革(Participatory Hygiene and Sanitation Transformation；PHAST)」[1]や「子どもの衛生・サニテーショントレーニング(Child Hygiene and Sanitation Training；CHAST)」[2]があげられるが，これらのアプローチは，コミュニティ単位でおこなわれるものの，いずれも焦点を当てているのは個人の行動変容であり，集団の行動変化は主要な目的とはされていない。

IECアプローチは子どもの健康リスク(下痢やそれにともなう低栄養，成長不良など)の低減を目的とした保健衛生的プログラムにおいてよく用いられる。しかし，多くの場合，地域住民は子どもの下痢性疾患のリスクとその予防法の両方についてすでに認識しており(Bilan et al. 2009; Curtis et al. 2009; Aunger et al. 2010; Brewis et al. 2013)，保健衛生に限定した情報発信や教育，啓蒙活動のみでは，人々のサニテーション行動に大きな変化をもたらすことができない(Biran et al. 2009)。また，サニテーションを改善するためには手指衛

1)　1993年にUNDP(国連開発計画)，World Bank WSP(世界銀行水・衛生プログラム)とWHOが開発した参加型手法である。コミュニティメンバー自身が問題を発見して分析し，解決策を計画，実施して，モニタリングや評価まで一貫しておこなうようにデザインされている。本講座第5巻第1章も参照。

2)　PHASTの手法を子ども向けに応用したもので，子どもたちがオープンな話しあいに積極的に参加し，自分の経験やアイデアを仲間と共有することを促す「子ども同士」のアプローチ。

生などとは違い，個人ではなくコミュニティや社会全体の行動変容が求められるため，個人の行動変容を目的とするアプローチには限界がある。したがって，IEC アプローチは単独ではなく他のアプローチと併用されることが多い。

(2)　コミュニティを対象とするアプローチ

集団全体の行動変容を目的としているのが，コミュニティを対象とするアプローチである。通常のプロセスは，以下のとおりである。まず住民が地域の問題に対して理解を深め，望ましい行動変容について皆で合意する。そして行動を実践していくなかで，その行動について新しい規範が生まれる。これらの規範は，新しい行動の遵守をメンバーに求める社会的なプレッシャーとなる。この正のフィードバックの働きによって住民の新しい行動の実践は強化され，コミュニティ全体の行動変容がなされる。

サニテーションに関する行動変容プログラムで用いられるこのアプローチは多様であるが，ここでは，代表的なアプローチである「コミュニティ主導型総合サニテーション(Community-Led Total Sanitation；CLTS)」と「コミュニティ・ヘルス・クラブ(Community Health Club；CHC)」について紹介する。

コミュニティ主導型総合サニテーション(Community-Led Total Sanitation；CLTS)

CLTS は野外排泄の撲滅を目的とする行動変容プログラムで，世界60カ国以上で実施されている(本書第4章も参照)。「きっかけ(triggering event)」づくりをプログラムの中心に据えており，訓練を受けたファシリテーターが対象となるコミュニティを訪ね，住民を集めて野外排泄がもたらす健康やウェルビーイングへの悪影響について挑発的に説明することから始まる。象徴的な例としては，住民とともに野外排泄の現場に行き，糞を広場に持ち帰り議論する，があげられる。すなわち，住民に，野外排泄に対する嫌悪感や恥じらいを抱かせるような気づきを与え，人々が自発的に「野外排泄をやめてトイレを設置しよう」という行動を起こすことを目的としている(Kar & Chambers 2008)。初期のCLTSにおいては，野外排泄の撲滅を「自分ごと」と捉えた能動的な行動変容が期待されたため，補助金などの資金投入はおこなわず，自己負担でトイレ設置をおこなうこととされていたが，持続的なトイレの使用を促進させるためにプログラムを改善し，現在では経済的にトイレをつくることができない世帯への補助金や物資の提供(Myers & Gnilo 2017)もおこなわれている。さらに，計画どおりに実行できない理由や野外排泄に戻ってしまう原因の把握(Mosler et al. 2018)，トイレの質のレベルを「基本的なサニテーション(Basic Sanitation)」から「安全に管理されたサニテーション(Safely-Maneged Sanitation)」に向上させるための，トイレの製造，販売業者への介入(商業マーケティング)の実施(Cole 2015)などもプログラムに盛り込んでいる(Cavill et al. 2015)。

コミュニティ・ヘルス・クラブ(Community Health Club；CHC)

CLTS同様，コミュニティ・ヘルス・クラブ(CHC)も集団を対象としたアプローチである(Waterkeyn & Cairncross 2005)。CHCの特徴であり重要な点は，コミュニティと長期的なかかわりをもつことである。通常，週に1回程度ミーティングをおこない，住民の健康・衛生を向上する行動を議論する。また，CHCはコミュニティに存在する多様なリソースと住民の創意工夫によって行動変容を起こすことに焦点を当てており，グループ活動によってサニテーションに関連する行動の改善を導くための建設的な規範を確立することができる。

コミュニティに根ざした行動変容のアプローチは，都市部に比べて社会的なつながりが強く，簡易でシンプルな技術を採用することが比較的容易である農村部でより効果的であると考えられているが，豊富な事例が報告されているCLTSに比べてCHCの報告は乏しい。以下，筆者が取り組んできたアフリカの都市スラムにおけるCHCの活動を紹介する。

2017年8月，筆者らの研究グループは，ザンビア共和国の首都ルサカの2ヵ所のコンパウンド(未計画居住区)において，小学生と若者(地元の青年団）からなる子どもクラブ「*Dziko Langa*（現地語でMy Communityという意味）」を設立した。サニテーションと健康に対する意識向上を子どもから大人へと促すボトムアップ型の波及によるコミュニティ全体の行動変容を目的とし，クラブのメンバー自身が調査を進める「参加型アクションリサーチ」を実践している（山内 2020）[3]。

クラブの設立当初，IECアプローチであるPHASTを用いて，クラブのメンバーに，手洗い，ゴミ処理，安全な飲み水，トイレの使用法，汚染ルートといった水と衛生について学習してもらう場をつくった。その後，フォトボイス（PhotoVoice）というアクションリサーチの手法を通じて，子どもたちがサニテーションに意識を向け，その問題を自ら考える機会を設けた。具体的には，自分たちが暮らすコミュニティにおけるサニテーションの課題について子どもたち自身が気になった物，場所，風景をカメラで写真（Photo）に撮り，それらについてコメントや説明（Voice）をつける方法である（Wang & Burris 1997; Nyambe & Yamauchi 2021）。カメラ機器を扱えない幼い子どもは，絵を描いたり，粘土によって自身が考える地域のサニテーション問題を表現した。

クラブ設立の翌年には，親と教師，地域の住民，地元選出の議員などを招いて，クラブの活動をコミュニティへとフィードバックする展示発表会を開催した。計画や準備，運営はクラブのメンバーが中心となって主体的に進め，フォトボイスの作品を来場者に説明したり，サニテーション課題に関するドラマを演じて聴衆にアピールしたり，住民とグループ討論をおこなうなど，一連のイベントに熱意をもって取り組んだ。展示発表会を成功裡に終えて自信をつけた子どもクラブは，その後もルサカ市との協働によるイベント（サニテーション・フェスティバル）の開催，クラブ活動のSNS（Facebook）での発信などを積極的に進めている。

3）　子どもクラブがおこなっている参加型アクションリサーチ（PAR）については，本講座第5巻第8章に詳述している。

(3)　マーケット(市場)に基づくアプローチ

マーケティングの一般的な介入アプローチとしては，民間業者が商品やサービスを販売して利益を得ることを重視した「商業(コマーシャル)マーケティング」と，経済的な利益よりも個人や社会の福祉を向上させることを目標とする「社会(ソーシャル)マーケティング」があるが，サニテーションにおいては，これらのアプローチは明確に分かれているわけではなく，両者は混在して実施されている。サニテーションに関する行動変容を目指したマーケティングのアプローチの事例として，大規模なトイレ普及につながった東南アジアのカンボジアのパイロット研究(Rosenboom et al. 2011)，そしてトイレの普及のみならず，メンテナンスもあわせた先進的なシステムといえるアフリカのガーナ都市部のコンテナ型トイレの導入(Greenland et al. 2016)について紹介する。

マーケティングアプローチの事例 1：カンボジア

カンボジアでは，農村部のトイレ普及率が依然として低いことが問題となっている。そこで，サニテーション市場の動向，サニテーションの需要，既存のサプライチェーン(製品が消費者に届くまでの一連の流れ)に関する調査をおこない，その結果を踏まえて，人々が安価で理想的なトイレを市場で入手することを目指したサニテーション・マーケティングのプログラムが策定された(Rosenboom et al. 2011)。

プログラムは主に業者のトレーニング，購入者の意識向上，マーケティングで構成され，2つの州で実施された。低コストで建設が容易な水洗トイレ(Easy Latrine と命名)が訓練を受けた業者によって，プロジェクト開始から22カ月経過した時点で7400台以上が販売された。次のステップとして，トイレの選択肢を増やすこと(低価格なものや，物理的に設置困難な状況に対応するもの)，マイクロクレジット制度との連携を強化すること，本アプローチを拡大するための方法を開発することなどが計画されている。この事例のような市場ベースのアプローチは，カンボジア以外にもインドやベトナムにおいて取り組まれており，数万から数十万の規模のトイレの購入と建設につながっている(Rosenboom et al. 2011)。

マーケティングアプローチの事例2：ガーナ

ガーナ共和国第2の都市であるクマシ市では，低所得者層を対象として，家庭内にトイレを設置し，排泄物の一時貯蔵，搬出，メンテナンスを一貫しておこなう総合的なサニテーションシステム「クリーンチーム(Clean Team)」の普及活動がおこなわれている。この活動の効果を評価するため，「クリーンチーム」を導入した199世帯と，「クリーンチーム」を導入していない近隣の201世帯を対象に，衛生習慣を評価する横断的な調査が実施された(Greenland et al. 2016)。クリーンチーム未導入世帯の大人の野外排泄の報告は導入世帯に比べて多くはなかったものの，未導入世帯は，不便な公衆トイレに依存しなければならないため，野外排泄もおこなわれている可能性が考えられる。一方，子どもについては，クリーンチーム導入世帯の子どもたちは家庭内でトイレを使用できるため，未導入世帯の子どもたちよりも排泄物が安全に処理されていた。また，石鹸と手洗い用の水についても，クリーンチーム導入世帯の方が未導入世帯よりも設置する割合が高かった。クリーンチームのトイレを家庭に導入することによって，子どもの排泄および排泄物の処理が安全になること，またトイレ後の石鹸を使った手洗いの機会が増えることで，生活環境における糞便汚染が減少することが期待されている。

(4)　心理学や行動科学を取り入れたアプローチ

最後に心理学や社会学の理論を取り入れたアプローチを紹介する。このアプローチはほかと比べると比較的新しいため，衛生に関する行動変容においてはすでに用いられている例があるが(Michie et al. 2011; Mosler 2012; Aunger & Curtis 2016)，サニテーションに関する行動変容の報告は少ない。とはいえ，このアプローチが興味深いのは，これまで紹介してきたアプローチとは発想が異なり，「無意識に働きかける」という点である。こうした無意識の意思決定プロセスに影響する環境的な手がかりと，それを用いた行動変容のアプローチのひとつに「ナッジ(nudge：そっと後押しする)」がある。ここではバングラデシュの小学校で石鹸を使った手洗いを促すための行動変容にナッジを用いた事例(Dreibelbis et al. 2016)を紹介する。

バングラデシュの農村部にある2つの小学校で，トイレの後に石鹸で手洗いをすることを促すために，2種類のナッジを開発して実施した(Dreibelbis et al. 2016)。まず，(1)トイレと手洗い場を明るい色に塗られた舗装された小道でつないだ。つぎに(2)トイレ使用後の子どもを手洗い場へと誘導して石鹸での手洗いを促すために，小道に足跡を描き，手洗い場には手形を描いた。そして，ナッジ実施前と実施後の，トイレ使用後の子どもの手洗い行動を観察して比較した。なお，調査期間中，学校管理者は毎日の始業時に石鹸を用意し，貯水容器に水を補充しただけで，手洗い教育や動機づけのための呼びかけ(メッセージング)などの衛生促進活動はおこなわなかった。にもかかわらず，結果をみると，ナッジ実施前では4%と低かった石鹸を使った手洗いの割合が，ナッジ実施の翌日には68%，2週間後と6週間後にはそれぞれ74%と大幅に増加した。ナッジを用いた介入がバングラデシュの小学生における石鹸を使った手洗い改善に効果的であることが示唆された。

3　既存の介入アプローチの可能性と限界

ここでは，前述した行動変容の主なアプローチについて，それぞれの長所や有効性，あるいは課題をまとめ，行動変容を促すために考えるべきポイントを整理する。

IECアプローチは，人々の意識を向上させるための基礎であり必須であるが，単独では効果が弱い。サニテーションの改善の場合はとりわけコミュニティ全体への働きかけが重要なことから，IECアプローチを用いながら，あるいは導入としておこなった後，コミュニティ全体を対象とした別のアプローチによって介入をおこなっていくのが望ましいといえる。

対して，コミュニティを対象とするアプローチはというと，コミュニティ主導型総合サニテーション(CLTS)は，野外排泄をおこなっていた村にトイレを普及させたという点においては世界規模で成功している。しかし，トイレの基準が明確ではないため，たとえばしっかりとした足場や建屋をもたない質の低いピットラトリンによって，雨季にし尿汚泥が溢れ出す恐れがあるなど，新たな問題が浮上している。また，野外排泄をおこなってきた人々が嘲笑されたり，罰金が科されたり，名誉を傷つけられたり，暴力を振るわれたりするという副作用的な側面における深刻な問題が報告されている。さらにこのアプローチは，人々の行動を変容させたとはいえ，強引な手法であるため，トイレの使用という新たな行動がその社会に習慣や文化として根づくところまでには達せず，したがって時間が経つと野外排泄に戻ってしまうケースも多く，持続可能性に問題がある。また，人口が密集していてスペースが限られている都市部(スラムや周縁部)でトイレをつくるのは簡単ではなく，このアプローチが使える条件は限られる。一方，コミュニティ・ヘルス・クラブ(CHC)を設立し，参加型アクションリサーチによって住民自らが行動変容を起こすことを企図するのは理想的なアプローチであるといえるが，意識や行動の変化はみえにくく，顕在化するまで時間もかかる。また，メンバーのモチベーションを維持していくことは簡単ではない。前節で紹介した筆者らのザンビアにおける取り組みを例にあげると，子どもクラブの活動によって子どもたちのサニテーションに関する意識は格段に高まってはいるものの，そのさきにはまだ課題も多い。つぎのステップは，子どもクラブの活動による地域の住民(大人)の意識変化，そしてコミュニティ全体の行動変容の促進である。さらに，介入終了後もクラブが自立して継続していけるための世代交代の仕組みづくりや運営費獲得を模索している。

マーケットに基づくアプローチの例として，東南アジアとアフリカにおける取り組みを紹介した。しかし，このような成功事例は稀であり，トイレを製造販売したりサービスを提供したりする業者が容易に利益をあげられるようなビジネスモデルを開発することは，一般的には困難である(De Buck et al. 2017)。実際に，このアプローチによってサニテーション・サービスの規模拡大を達成できたものは，実施件数に対する成功例の比率としてはきわめて低い。また，補助金や外部の支援を必要する場合も多く，持続可能性は低いと考えられる。とくに，トイレの購入が経済的に困難な貧困層に対しては，マーケティングアプローチに加えて，補助金の給付や，トイレへの関心を高めてトイレ購入の需要を活性化させる試みが必要である(USAID 2018)。さらに，このアプローチのより根源的な問題を指摘するとすれば，経済的な課題がクリアされれば，人々はトイレを設置しそれを持続的に使用するのか，ということだろう。「はじめに」でも述べたように，健康のためというだけで人々の行動が変わらないのと同じように，経済面のメリットを説くだけで人々の行動が変わるかといえば，実際はそう単純なものでもないのである。

上記はじめの3つに代表される，サニテーションに関連する行動変容アプローチの多くは，人々の感情(誇りや恥など)，科学的な知識(細菌についてなど)，社会的規範，明示的な行動計画など，人々が意識的かつ思慮深く行動を変容することに焦点を当ててきた(Sigler et al. 2015)。それに対して，心理学や行動科学を取り入れた無意識への働きかけを狙った4番目のアプローチは，無理がなく，より成功に結びつきやすい手法として，今後大きな役割を果たしていくことが期待できる。ただ，いまだ事例が少なく，小規模で試験的な成功事例がいくつか報告されている程度である。これらの事例が特定の状況に依存した限定的なものなのか，あるいは一般化が可能なのかという点について，今後きちんとした分析がなされていく必要があるだろう。

以上，整理してみると，ここで紹介した主要な4つのアプローチは，それぞれに課題があり，改良の必要性も否めない。とはいえ，どのアプローチも単独では十分とはいえないものの，それぞれによく考えられており，状況による使い分けや，相互補完，相乗効果として有用できる可能性を秘めている。とりわけ，複数のアプローチを併用した新たな手法の開発が望まれる。次節では，これらのアプローチをさらに別の観点で捉え直し，新たな介入アプローチを考えるうえでのヒントを探りたい。

4　新しい介入アプローチの模索

ノーベル経済学賞を受賞した心理学者・行動経済学者であるダニエル・

カーネマン（Kahneman 2011）によると，人間の行動は，自動的で無意識の刺激によって駆動されるドライバー（カーネマンはこれを「システム1」要因と定義している）と，意識的で動機づけのあるドライバー（カーネマンはこれを「システム2」要因と定義している）に分けられる。カーネマンの枠組みに沿えば，本章で紹介した主要なアプローチのうちの最初の3つは，「システム2」要因（合理的，動機づけられたもの）に働きかけているといえ，4つ目の心理学や行動科学を取り入れたアプローチは，「システム1」要因（自動的，手がかりによる習慣）に働きかけているといえよう。

人間の行動は「システム1」要因からとりわけ強い影響を受けることがわかっており（Marteau et al. 2012），実際，多くの介入プログラムを実践している世界銀行の水・衛生プログラム（World Bank WSP）は，この「システム1」要因に着目し，心理学，認知科学，行動経済学の知見を用いて，野外排泄からの行動変容の開始と新しい行動の維持を支援する「8つのシステム1原則（8 System 1 Principles）」というフレームワークを提案している（Neal et al. 2016）。これらの原則は，次の4つの過程を経て導き出された。

(1) 野外排泄に関するフィールド調査の結果をコード化し，テーマ別に整理。
(2) フィールド調査から見出されたテーマに合致する行動科学の原則や理論を特定。
(3) 世界各地で野外排泄に取り組んだ豊富な経験をもつ9人の衛生関連の専門家と協議。
(4) 行動科学の理論や原則について専門知識をもつ7人の行動科学者と協議。

興味深いのは，この「8つのシステム1原則」は，社会心理学，認知科学，行動経済学，健康心理学といった幅広い分野の文献や専門家との議論によって導き出されたものであるという点である。「トイレを使用する」というサニテーション行動は，医学や衛生学分野において，たとえば衛生行動（hygiene）の本来の意味を指す「（石鹸を用いた）手洗い」や，もう少し意味を広げた「身の回りをきれいにする」「トイレを掃除する」といった行動とともに語られることは稀であり，また従来サニテーションを扱ってきた衛生工学の分野においても，システムに焦点を当てるあまり，それを使う人(ユーザー)への目配りは希薄であったといえるだろう。こうして振り返ってみても，サニテーションにかかわる行動がいかに見落とされやすいか，またサニテーションそれ自体も単独の学問領域だけではカバーしえない複雑で多面的なテーマを含んでいるかがうかがえる。

この「8つのシステム1原則」を理解し，応用する際に注意すべきことは，「システム2」要因に基づくアプローチに取って代わるものではなく，それを補強するものであるということである。表1は，各原則に，筆者がタイトル(左列)をつけてまとめたものであるが，意識的な行動と無意識の行動の双方に働きかけ，さらには既存の行動や慣習に無理なく組み込むことで，トイレ使用という新しい習慣が形成されるように人々の行動の変容を自動的に誘導する手法の提案であることがわかる。たとえば，野外排泄をやめてトイレを使用するというようなきわめて困難だと思われる行動変容を実現可能とするために，「システム1」要因と「システム2」要因の両方へ働きかけるアプローチは，新たな包括的な介入アプローチを考えるヒントになるだろう。

このフレームワークは，現時点ではアイデアとして提案されているにとどまり，まだ実践では使われていない。今後，「8つのシステム1原則」をベースに，実際の現場で適用するための具体的な手法の開発が期待される。その際には，バイアスを避け，客観的に効果を評価することができる質の高いエビデンスを蓄積することが必要である。さらに，適切な介入をおこなうためには，開発された手法を特定の社会文化，地域集団において意味があるように柔軟にアレンジして実施することが重要である。すなわち，サニテーション学で提案しているサニテーション・トライアングル・モデルの3つの要素(健康，物質・経済，社会・文化)およびそれらの連関(本書第3章)について注意が払われなければならない。

「トイレを使用する」とは，ただ「トイレに座る」ことを意味するのではない。たとえば手洗いなどの個人の衛生行動を考えてみても，手洗いとは単に「手を洗う」という行為ではなく，1日のうち決まった時間に，決まった

表1　サニテーション行動変容の「8つのシステム1原則」

	原則	例
1　利用可能・継続性	重要な製品やインフラが，消費者にとって即座に，かつ継続して利用できるようにする。	「トイレの使用」という新しい習慣が中断されないように，より人目につく公共の場所におけるトイレ建設を促進する。
2　変化	状況の変化を利用して新しい行動を促進する。	既存の行動が変化するイベントに乗じて（たとえば季節による移動）トイレ使用の介入を行う。
3　習慣	既存の行動や手がかり，合図を利用する。	コミュニティに定着している行動（洗濯，水汲みなど）を考慮して，その行動から自然にトイレ使用に結びつくように，コミュニティのトイレを建設する。
4　動機づけ	望ましくない行動に対しては戦略的に抑制し，望ましい行動に対しては促進させる。	建設の過程を簡略化でき，かつ安価なトイレが提供できるようなパッケージ化された仕組み（たとえば前述したカンボジアの「Easy Latrines」[1]）を推進する。
5　インセンティブ	状況に応じた繰り返しを支援する。	コミュニティのトイレを安定的に使用することに見返りを与える（とくに初期段階においては，同じ場所，同じ時間でトイレを繰り返し使用することに報酬や褒美を用意する）。
6　慣習	変化のプロセスに儀式的な要素を組み込む。	既存の文化的慣習に野外排泄に否定的なメッセージを組み込む（たとえば，インドの「No toilet, no bride」キャンペーン[2]）。
7　思い出し	行動がおこなわれる現場において，思い出させる物や手がかりを活用する。	野外排泄の現場で，その空間が新たな意味をもつことを思い出させる（赤い粉を撒くことで儀式的に野外排泄の場を清める，など）。
8　ローカルルール	地域に根ざした（ローカルな）規範を強調する。	個人や社会全体ではなく，地元のグループで機能する動機づけの仕組みを開発する。

出所：Neal et al.(2016)を改変。
注1：Rosenboom(2011)
注2：性比の偏りが大きく女性が少ないインドのハリアナ州で実施された社会マーケティングキャンペーン。結婚適齢期の女性の家族が結婚相手の家族にトイレを建設するように要求することが推奨された(Stopnitzky 2017)。

場所で，決まった手順でおこなわれるというように，個人が属する社会の文化に根づいている長年の習慣である。つまり，行動を変えるということは奥深く，とても困難なことである。加えて，第1節で述べたように，とりわけサニテーションに関連する行動は，ひとつの行動にさまざまなレベルにおいて複数の決定要因が存在する。さらに，ある行動がさらに別の行動に入り組んだり，相互に連関したりしており，サニテーションがカバーする範囲の幅広さと多様性によってサニテーションに関連する行動はきわめて複雑である。こうしたサニテーション行動の特質を十分に考慮しながら，適切かつ効果的な行動変容のための介入アプローチを模索していく必要がある。

おわりに

本章では，サニテーションに関連する行動変容，とくに「トイレを使わなかった人々がトイレを使うようになる」という行動変容に焦点を当て，そのためにはどのような点に考慮しながら介入をおこなうべきか，さらに，既存の介入アプローチの方法論とそれらを発展させた新しい手法の可能性について論じた。

なぜ，人々の行動変容によって社会変革が可能となるのか。端的にいえば，「ソフト」の部分が変わるからである。これまで，サニテーションの問題を解決する方法として，トイレ施設，浄化槽や下水道，そして下水処理といった「ハード」な仕組み(＝技術)を構築することに注力されてきた。あるいはそこに物質的・経済的な価値を付与して，これらの技術の導入を促進する取り組みもおこなわれてきた。しかし，どんなに技術が整い，利便性が向上したとしても，人々の意識が変わり，新しい行動が習慣化されなければ，技術は適切に使われることも維持されることもなく，社会も変わることはない。一方，人々が新たな規範や倫理，価値観を自分のものにしたときに，行動変容は起こる。そして，新しい行動が習慣化することにより，新たな慣習・風習が根づいて文化が醸成され，新たな思想が生まれる。こうした文化や思想といったソフトのパワーこそが，社会変革を可能とする原動力なのではないか。

最後に，介入と共創の位置づけについて触れておく。サニテーション学では，持続的なサニテーションの仕組みは地域社会のさまざまなアクターによって「共創」すべきものと考えており，本章に続く第6章で共創の概念と実践例を紹介している。サニテーションの共創において，介入は，人々の行動変容，とりわけコミュニティの行動変容の取り組みに位置づけられるだろう。「はじめに」で述べたように，サニテーションの仕組みが成り立つには，その地域社会の文脈に即した仕組み（ハード）と同時に，人々の行動変容（ソフト）が不可欠である。前述したように，行動を変えるということはきわめて困難なことであり，当事者自身の意思や努力に加えて，外部者からの働きかけ（＝介入）が必要となる。ただし，「介入する者」と「介入される者」の非対称性が浮き彫りになりやすい図式であることに注意を払わなければならない。状況をよくするために外部から働きかける介入が地域の人々や社会への「干渉」となってしまっては元も子もない。筆者らのザンビアにおけるCHCアプローチの実践では，こうした非対称性をいかにして克服できるか，あるいは行動変容の介入を「参画」という手法（参加型アクションリサーチ：PAR）によって共創へ導いていく取り組みがなされている（詳細は本講座第5巻第8章およびコラム③を参照）。

また，他方では，マーケティングアプローチのように，コミュニティレベルを超えた地域，自治体レベルの行動変容を促す介入アプローチも存在するが，行動変容の基本単位は個人，そしてコミュニティである。いずれにせよ，大切なのは，社会変革の礎となる新たな文化や思想をつくっていくのは，外部の介入者ではなく，その地域の住民だということである。地域住民は単なる受益者ではなく，当事者であり最も主要なアクターなのである。したがって，本章でみてきたような「科学知」に沿った介入アプローチの新たな開発を進める一方で，地域の人々の「生活知」を尊重し，そこから大いに学ぶこと，すなわち，介入する側，介入される側の双方向の知恵の交換が重要である。また，行動を変容し，新たな行動を維持，定着させ文化を醸成するのは，当事者である地域の人々であり，当事者を置き去りした介入（＝干渉）ではなく，当事者の意思を尊重した介入（＝参画）を目指すべきである。つねにこのような視点で介入のあり方を考え，実践していくことによって，地域の人々に寄り添った共創につながり，やがて共創そのものになりうるだろう。

参考文献

山内太郎(2020)「都市スラムの水とトイレ事情——未計画居住区におけるサニテーション課題」島田周平・大山修一編『ザンビアを知るための55章』明石書店，301-304頁.

Aunger, R. & Curtis, V. (2016) Behaviour centred design: Towards an applied science of behaviour change. *Health Psychol Rev.*, 10: 425–446.

Aunger, R, Schmidt W. P., Ranpura, A., Coombes, Y., Maina, P. M., Matiko, C. N. et al. (2010) Three kinds of psychological determinants for hand-washing behaviour in Kenya. *Soc Sci Med.*, 70: 383–391.

Biran, A., Schmidt, W.-P., Wright, R., Jones, T., Seshadri, M., Issac, P. et al. (2009) The effect of a soap promotion and hygiene education campaign on handwashing behaviour in rural India: a cluster randomised trial. *Trop Med Int Health*. 14: 1303–1314.

Brewis, A. A., Gartin, M., Wutich, A. & Young, A. (2013) Global convergence in ethnotheories of water and disease. *Glob Public Health*, 8: 13–36.

Cole, B. (2015) Going beyond ODF: combining sanitation marketing with participatory approaches to sustain ODF communities in Malawi. *UNICEF Eastern and Southern Africa. Sanitation and Hygiene Learning Series*, UNICEF.

Cavill, S., Chambers, R. & Vernon, N. (2015) 'Sustainability and CLTS: Taking Stock', Frontiers of CLTS: Innovations and Insights Issue 4, Brighton: IDS.

Curtis, V. A., Danquah, L. O. & Aunger, R. V. (2009) Planned, motivated and habitual hygiene behaviour: an eleven country review. *Health Educ Res*, 24: 655–673.

De Buck, E., Van Remoortel, H., Hannes, K., Govender, T., Naidoo, S., Avau, B. et al. (2017) Promoting handwashing and sanitation behaviour change in low- and middle-income countries: a mixed method systematic review. *3ie Systematic Review*, 36. London: International Initiative for Impact Evaluation (3ie).

Dreibelbis, R., Kroeger, A., Hossain, K., Venkatesh, M. & Ram, P. K. (2016) Behavior change without behavior change communication: Nudging handwashing among primary school students in Bangladesh. *Int J Environ Res Public Health*, 13: 129.

Garn, J. V., Sclar, G. D., Freeman, M. C., Penakalapati, G., Alexander, K. T., Brooks, P. et al. (2017) The impact of sanitation interventions on latrine coverage and latrine use: A systematic review and metaanalysis. *Int J Hyg Environ Health*, 220: 329–340.

Greenland, K., De-Witt Huberts, J., Wright, R., Hawkes, L., Ekor, C. & Biran, A. (2016) A cross-sectional survey to assess household sanitation practices associated with uptake of "Clean Team" serviced home toilets in Kumasi, Ghana. *Environ Urban*, 28: 583–598.

Jenkins, M. W. & Curtis, V. (2005) Achieving the 'good life': Why some people want latrines in rural Benin. *Soc Sci Med.*, 61: 2446-2459.

Kahneman, D. (2011) *Thinking, fast and slow*. New York: Farrar, Straus and Giroux.

Kar, K. & Chambers, R. (2008) *Handbook on community-led total sanitation*.

Marteau, T. M., Hollands, G. J. & Fletcher, P. C. (2012) Changing human behavior to prevent disease: the importance of targeting automatic processes. *Science*, 337, 1492-1495.

Michie, S., van Stralen, M. M. & Wes, R (2011) The behaviour change wheel: A new method for characterising and designing behaviour change interventions. *Implementation Sci*, 6, 42.

Mosler, H. J. (2012) A systematic approach to behavior change interventions for the water and sanitation sector in developing countries: a conceptual model, a review, and a guideline. *Int J Environ Health Res.*, 22: 431-449.

Mosler, H. J., Mosch, S., & Harter, M. (2018) Is Community-Led Total Sanitation connected to the rebuilding of latrines? Quantitative evidence from Mozambique. PLoS One, 13(5): e019748.

Myers, J. & Gnilo, M. (eds) (2017) Supporting the Poorest and Most Vulnerable in CLTS Programmes. CLTS Knowledge Hub Learning Paper, Brighton: IDS.

Neal, D., Vujcic, J., Burns, R., Wood, W. & Devine, J. (2016) *Nudging and habit change for open defecation: New tactics from behavioral science*. Washington, DC: Water and Sanitation Program, World Bank,

Nyambe, S. & Yamauchi, T. (2021) *Peri-Urban Water, Sanitation & Hygiene in Lusaka, Zambia: Photovoice empowering local assessment via ecological theory*. Global Health Promotion.

Rosenboom, J. W., Jacks, C., Phyrum, K., Roberts, M. & Baker, T. (2011) Sanitation marketing in Cambodia. *Waterlines*, 30: 21-40.

Sclar, G. D., Penakalapati, G., Caruso, B. A. et al. (2018) Exploring the relationship between sanitation and mental and social well-being: A systematic review and qualitative synthesis. *Sos Sci Med*, 217: 121-134.

Sigler, R., Mahmoudi, L. & Graham, J. P. (2015) Analysis of behavioral change techniques in community-led total sanitation programs. *Health Promot Int.*, 30: 16-28.

Stopnitzky, Y. (2017) No toilet no bride? Intrahousehold bargaining in male-skewed marriage markets in India. *Journal of Development Economics*, 127, 269-282.

USAID (2018) *Scaling Market Based Sanitation: Desk review on market-based rural sanitation development programs*. Washington, DC: USAID Water, Sanitation, and Hygiene Partnerships and Learning for Sustainability (WASHPaLS) Project.

Wang, C. & Burris, M. A. (1997) Photovoice: concept, methodology, and use for participatory needs assessment. *Heal Educ Behav.*, 24: 369-387.

Waterkeyn, J. & Cairncross, S. (2005) Creating demand for sanitation and hygiene through Community Health Clubs: A cost-effective intervention in two districts in Zimbabwe. *Soc Sci Med.*, 61: 1958–1970.

WHO (2018) *Sanitation behaviour change. In Guidelines on sanitation and health.* Geneva; World Health Organization, 84–99.

第6章　共　　創

牛島　健

はじめに

サニテーション学では，サニテーションのしくみづくりを考えるうえで，「共創(co-creation)」をひとつの重要な概念として扱っている。

日本語でいう「共創」の概念には，いくつかの系譜があり，その示す意味も若干異なる。日本国内におけるひとつの大きな流れとしては，株式会社シャープ(旧・早川電機)の佐々木正が1964年に述べたという「技術の世界はみんなで共に創る「共創」が肝心だ」という考え方，および，それを引き継いだといわれるホンダの技術者たちの姿勢であり(大塚 2019)，これは主にものづくりの分野で，技術者同士がもてるものをすべて出しあってよいものをつくろうとする体制を「共創」と呼んだものである。この「共創」の精神は，その後の日本のものづくりを支えた。一方，海外ではプラハラードら(プラハラード・ラマスワミ 2004)をルーツとするco-creationの概念が存在し，これも日本にもち込まれる際に「共創」と訳された。こちらは顧客と企業の間の共創を指し，変化が激しい時代に企業が生き残るためには，企業が価値創造をおこなって消費者に売るという従来の発想から，多様なニーズをもつ消費者と相互交流し，消費者と一緒に価値を創造する必要があるという考え方に基づく。後者は，ビジネスのひとつの手法または概念として国内外で広く認知されており，今日のビジネスの現場で言及される際にはこちらを指す場合が多い。

以上2つの「共創」は，いずれも主に産業やビジネスの場において用いられてきた「共創」であるが，近年は学術分野とくに科学技術分野においても「共創」が謳われる場面が多くなってきた。たとえば日本国内で学科名またはコース名に「共創」を含む大学は，2021年時点で少なくとも9大学存在する(大学ポートレートセンター 2021)。また，科学技術振興機構においても，2018年に「科学技術イノベーションと社会との問題について，さまざまなステークホルダーが双方向で対話・協働し，それらを政策形成や知識創造，社会実装へと結びつける「共創」を推進するべく」「多様なステークホルダーが分野・セクターを超えて自由に参画し，共創を展開する「未来社会デザイン・オープンプラットフォーム(CHANCE)構想」の推進等を行って」いる(科学技術振興機構 2021)。

今日，「共創」の概念はさまざまに拡張，融合されており，一般的な理解としては，「異なる立場や業種の人・団体が協力して，新たな商品・サービスや価値観などをつくり出すこと。コクリエーション。」(デジタル大辞泉)という説明が妥当であろう。

本講座第5巻は，この「共創」に焦点を当てた巻である。いくつかの具体的なフィールドにおける現地生活者や支援者，研究者などを含めたさまざまなプレイヤーたちによる実践的な「サニテーションの共創」を描き出す部分は，第5巻に譲ることとし，本章では，そもそもサニテーション学で扱う「サニテーションの共創」とは，いったいどんなものを指しているのかについて整理をしたい。そのために，本章では以下3つの視点からアプローチをする。

① 共創する「サニテーションのしくみ」とは何を指し，その範囲はどこまでなのか
② 誰のために「サニテーションのしくみ」をつくるのか
③ サニテーションの共創によって何を目指すのか

1　サニテーションのしくみとは何を指すのか

本節では，まず(1)において，「水とサニテーション」をセットとして捉え，

清潔で健康的な場をつくりだし維持する，という両者に共通する目的を確認する。そのうえで，その目的を果たしているのであれば，複雑なシステムであれ，シンプルなシステムであれ，あるいは一見するとなんら人為的な介入をしていないように思われる物質循環であっても，これらは「水とサニテーションのしくみ」として成立している，と捉えられることを示す。

そのうえで(2)では，「水とサニテーションのしくみ」の範囲を，「水供給のしくみ」と「サニテーションのしくみ」それぞれで考え，いずれも入口と出口では必ず自然の物質循環と接続している，ということを確認する。このことを踏まえて，物質循環という点から，「水とサニテーションのしくみ」は，「自然を含む物質循環全体のなかの，人間を通過するある特定の区間を適切に管理することで，個体としてのヒトと人間集団の健康を守るシステム」と捉えられることを述べる。そして，このような「水とサニテーションのしくみ」の再定義が，資源の適正な循環，し尿や汚水などの運搬・処理の省エネルギー化，持続可能なインフラ普及・維持・管理という，サニテーションの大きな課題を解決しようとする際に鍵となる視座であることを説明する。

(1)　水とサニテーションのしくみ

さきに述べたように，飲料水供給も，し尿などの排水処理サービスの提供も，その目的は清潔で健康的な場をつくりだし維持することだといえる。言い換えれば，人間の健康を害する要因となる病原体や有害物質(ときには悪臭などの不快要因も)が人体に取り込まれるのを防ぐことである。清潔な飲料水の供給は，ヒトが生きていくうえで必須の水に，病原体や有害物質が混入しないようにする行為であり，し尿などの処理は，ヒトの排泄物を媒介して感染する病原体の感染サイクルを断ち切るための行為である。これは，物質循環の視点で考えれば，生物個体としてのヒトの(主に水系の)インプットとアウトプットを適切に管理する行為と言い換えることができる。

現代日本の一般的な都市部のケースで考えると，水系のインプットの管理は，通常，水道の上流側，すなわち浄水場から始まる。浄水処理の方法はいくつかあるが，いずれの場合も，水のなかから病原体，有害物質もしくは不快感を生じさせる物質を取り除いたのち，最後に塩素を添加するというものである。このように，水系のインプットの管理は，浄水場から蛇口までの間の水の安全性を担保している。一方，水系のアウトプットの管理は，下水管を通じてトイレからの排水を下水処理場に運び，そこで病原体を含めた排水の処理をおこなって安全な水にすることで，最終的に河川などに放流することで完了する。以上の一連のシステムを，「水とサニテーションのしくみ」と呼ぶとすれば，その範囲は，浄水場の取水口(多くは河川)から，下水処理場の排水口まで，ということになろう[1)]。日本の都市部ではこれほどの複雑なシステム・技術・組織の集積によって「水とサニテーションのしくみ」が成立している。

ここで，今一度，飲料水供給とサニテーションに共通する目的に立ち返ってみると，仮に清潔な飲料水を自然環境のなかで確保できるならば，浄水場が必要とは限らない。実際，後述するように，日本の農山村地域にみられるような地域自律管理型の小規模水供給施設の多くでは，良質な地下水や湧水を水源にしており，それらの水を処理せずに利用している。これはきわめてシンプルなシステムではあるが，良質な水源を「選択」することで，そもそもの「水とサニテーション」の目的を十分に果たしているといえる。

それでは，アウトプットにあたるサニテーション側はどうか。現在の日本では，法律によって，トイレの排水を垂れ流しにすることは禁止されている。下水道供給地域では，トイレの排水を下水道に接続することが義務づけられており，それ以外の地域では基本的に浄化槽を設置して排水を処理することとなっている。しかしどのような方法であれ，病原体の感染サイクルを断ち切ることができれば，(法制度上の扱いはさておき)「水とサニテーション」の目的は達成されるといえよう。たとえば，コンポストトイレなどの乾式トイレも，適切に使用されていれば病原体を死滅または不活化できることが確

---

1)　物質循環の視点からすると，上記のほかに，生物個体としてのヒトのインプットとアウトプットの適切な管理には，呼吸や食事にかかわる空気環境や食料の生産システムなどが関係しているが，その点については後述する。

認されており(たとえば風間・大瀧 2010；Sossou et al. 2014)，これも「水とサニテーションのしくみ」として成立しうるものである。

さらに踏み込んで考えると，世界的に問題視されている野外排泄(open defecation)についても，一概に否定すべきものかどうかは，じつは議論の余地がある(本書第4章も参照)。たとえば，本講座第5巻第6章で詳述するカメルーンの狩猟採集民のように，人口密度が大幅に低く，移動性も高い生活形態のなかで，生活拠点から十分に離れた地点で野外排泄し，排泄物が自然のなかで速やかに分解される状況があるとすれば，(リスクについての適正な評価は必要であるものの)「適切に管理された野外排泄」というものが成立していてもおかしくはない。もしそうであれば，これも「水とサニテーションのしくみ」と呼ぶことができる。

(2) サニテーションのしくみの範囲

以上のように，複雑なシステムをもつしくみだけではなく，自然の物質循環でさえも「水とサニテーションのしくみ」として捉えられる。そのように考えると，「水供給のしくみ」も「サニテーションのしくみ」もその範囲は必ずしも明確なものではない。

たとえば，さきほど取り上げた日本の地域自律管理型水道についての記述は，地下水や湧水の取水口を起点として，「水供給のしくみ」の範囲を整理していた。しかし見方を変えると，その範囲の起点は取水口よりもさらにさかのぼって考えることができる。たとえば，雨水は地下水として流れるうちに浄化される。このプロセスを自然の浄化システムとして認識し，これによって清浄となった水を住民が積極的に活用しているとするならば，雨水を地下水のなかでろ過している水源地域一帯も「水供給のしくみ」の範囲に入るだろう。カメルーンの狩猟採集民の例では，さらに事態は複雑である。「適切に管理された野外排泄」は，自然の浄化能力に依存するものである。しかし，この「サニテーションのしくみ」の範囲が，「居住エリアから十分に離れた場所で排泄する」というところまでを含むのか，あるいは人間の活動範囲を超えて「排泄物を小動物等が利用し，最終的に微生物によって分解される自然の処理システム」までをも含むのか，その範囲の線引きは単純ではない。

しくみの範囲の設定の困難さは「水とサニテーションのしくみ」と自然の物質循環が接続していることに起因している。どれだけ複雑であっても，また逆にきわめてシンプルであっても，「水供給のしくみ」も「サニテーションのしくみ」も，それぞれの入口と出口は必ず自然の物質循環と接続している。したがって，「水とサニテーションのしくみ」の境界線を，可能な限り自然の物質循環を排除した最小範囲で引いたとしても，あるいは，自然の物質循環をある程度含み込ませて拡大して捉えたとしても，その境界は自然の物質循環と接続している。このように物質循環の視点で捉えれば，「水とサニテーションのしくみ」は，自然を含む物質循環全体のなかの，人間を通過するある特定の区間を適切に管理することで，個体としてのヒトと人間集団の健康を守るシステムと言い換えることができる。

これは単なる定義の問題ではない。自然の物質循環を含む，あるいは何らかのかたちで自然の物質循環と接続している「水とサニテーションのしくみ」という考え方は，資源，エネルギー，インフラという異なる3つの現在と未来のサニテーションの課題を包括して捉える視座を提供するものとなっている。現在においても将来においても，資源の適正な循環，し尿や汚水などの運搬・処理の省エネルギー化，持続可能なインフラ普及・維持・管理は，それぞれサニテーションの大きな課題となっている。

現在，われわれが直面しているサニテーションの課題――人口増加の途上にある低-中所得国だけではなく，人口減少のフェーズに入った先進国も共通して抱えている課題――のひとつは，資源の枯渇にある。近年，人類の使えるリソースは想定よりも少ないことが明らかになってきた。エネルギー，石油化学製品，水などのハード面の資源は世界的に利用可能な量はわかってきている。そうしたなかで，本書第1章で述べられているように，「持続可能な開発」と，そのための資源循環型社会の形成が国際的に求められるようになってきている。資源循環に偏りを生じさせ，し尿や汚水などの運搬・処理に膨大なエネルギーを費やす，従来の集合型のサニテーションからの転換が必要とされている。

また，本書第2章と第3章でとりあげられているように，グローバルなサニテーションの確立では，分散型のオンサイト・サニテーションでの普及が前提となっている。国や地方自治体といった公的機関によって主導される集合型のサニテーションは，低-中所得国の農村地域には適合しない。国や地方自治体だけではなく，民間セクターや住民の参画が不可欠とされている。また，人口減少の進む先進国の過疎地域においても，公的機関が既存の集中型のサニテーションを単独で十全に維持することは困難となっている。さらに，日本の過疎地域では，人員確保も難しく，各所に技術者を配置するということがままならなくなってきている。技術を標準化し，制度を整え，技術者を育成するだけでは，これからのサニテーションの課題は解決が難しいといわざるを得ない。人もモノも金も限られたなかで課題に対処していくには，各々が柔軟な発想で知恵を絞り，地域ごとの特性を生かしながら対処していくことが求められる。結果，課題に対する解が多様化していくことは必然と思われる。

そうした状況を想定すると，「水とサニテーションのしくみ」を単なる上水道や下水道の整備のみで理解することはまったく不十分である。むしろ，さきに述べたように，「自然を含む物質循環全体のなかの，人間を通過するある特定の区間を適切に管理することで，個体としてのヒトと人間集団の健康を守るシステム」といったかたちで広く捉えることが必要である。そして，そのように考えると，今後求められるのは，水とサニテーションのしくみの入口と出口それぞれについて，「もう少しだけ先まで考えてしくみをつくる」ということであるように思われる。

たとえば，排水を処理して捨てる従来の下水道の発想では，下水処理場の排水が基準値を満たしていれば，そこから先はほとんど考える必要がなかった。しかし，資源循環型のコンポストトイレを使用したしくみを考えた場合では，大規模に普及させるうえでのネックは，コンポスト化技術そのものよりも，し尿からつくられる堆肥や液肥の市場の形成と品質管理である。人口減少社会における効率的な排水処理インフラの維持・管理についても，もはやすべてを人為的に運営することが困難になりつつある状況を踏まえると，画一的な放流水質基準ではなく，放流先の河川環境をもう少し丁寧に考えて，自然の浄化システムを積極的に活用しながら，インフラ維持管理の省力化を進めるための地域固有の放流水質基準を考えるという発想があってもよいはずである。

このように，「サニテーションのしくみ」づくりでは，技術で解決するだけでなく，ある部分は自然の浄化システムを活用する，ある部分は別の物質循環(たとえば農業)につなげる，ある部分は自動で対応するが，ある部分はあえて人の手で対応するなど，柔軟な発想で取り組む必要があるのである。

2　誰のためにサニテーションのしくみをつくるのか

世界中では，約6.7億人が野外排泄をおこなっているとされる(United Nation 2019)。適切かつ平等なサニテーションの普及はSDGsにも組み込まれ，世界中でその取り組みがおこなわれている。人類にとって，基本的なサニテーションの普及は急務であることは間違いないといえる(本書第2章)。しかし「サニテーションのしくみをつくる」といったとき，「誰のためのしくみづくりか」という点は，当たり前のようでじつは当たり前ではない。本章の後半で述べるように，サニテーションの共創を考えるうえでは，多様なプレイヤーの多様なモチベーションをつなぎあわせて全体のしくみをつくることが求められる。本章でとりあげる日本の事例でいえば，行政や民間業者，住民組織の水管理組合などといった上水道に直接かかわる人々や機関などだけではなく，上水道に直接関与しない民間業者，大学・研究機関などの専門家，地元高校や地域住民が，上水道を維持・管理するプレイヤーとなりうる。こうしたさまざまな人々や団体・機関が上水道にかかわろうとするモチベーションは当然ながら方向性も多様である。それぞれのモチベーションについて「誰のための」という基本的な視点を踏まえておかなければ，しくみづくりを誤ることになる。ここでは，この「誰のために」について基本的な3つの視点で整理を試みる。

(1) 自分たち(生活者の集団)のためのサニテーション

水供給についていえば，入手可能な範囲で安全な水をみつけてきて利用するという行為は，程度や規模はさまざまあるにせよ，人間が生活していくうえで必ずおこなわれてきた行為であるといえよう。日本の場合では，古くは自然のなかの清浄な沢水や，井戸を利用していた。やがて，協働で水を引いてきて利用する水道(初期は，開渠による用水路)がつくられるようになり，そこにはさまざまなルールや文化が発生した。明治時代以降は，日本でも近代的な管路による水道が引かれるようになり，現在にいたる。各世帯または地域の数戸が集まって水を引き，利用していた頃は，それぞれの集団が自分たちのためにおこなっていた。そのため，ステークホルダーが増えたとしても，明確に「自分たち(生活者の集団)のための水供給」であったといえる。その後の国や自治体による大規模な水道の敷設も，「国」や「市町村」といった集団にとっての「自分たちのための水供給」と捉えられる。

一方，サニテーションはどうか。日本では，927年(延長5年)に定められた格式(律令の施行細則)である『延喜式』において，すでに人糞尿の農業利用が確認されており，少なくとも鎌倉時代には農業利用のために汲み取りトイレが設置されるようになっていたと考えられている(楠本1981)。このような農業利用のための汲み取りトイレは，自分たちの住環境を清潔に保つための「サニテーションのしくみ」として機能すると同時に，肥料としての価値が生み出されることで，たとえば，汲み取りに来た農家が対価として野菜をおいていくなど生活者にもいくばくかのメリットが発生する状況が生まれた。江戸時代から明治の終わりには，し尿は金銭価値をもって取引をされていた(池田2003)。しかし，大正期から戦中・戦後にかけて，安価で扱いやすい化成肥料が普及し，都市人口の増大とともにし尿の取り扱いが自治体の義務となると状況は徐々に変容していくことになる。1954年(昭和29年)に，清掃法が公布され，自治体による汲み取りし尿の処理が本格化することで，日本における汲み取りを基礎としたサニテーションも，し尿を財貨として扱う独特のサニテーションから，環境衛生のためのサニテーションに変容した(本書第

1章)。

そしてそれにやや遅れて，水洗トイレの普及が進み，あわせて下水道および浄化槽の普及が日本では進んでいった。これは自分たちの住環境を清潔に保ち，周りの自然環境を適切に保全・管理するという意味では，非常に優れたシステムであった。しかし，「自分たちのためのサニテーション」という観点では，自らがサニテーションを担っているという感覚を失わせているように思われる。一般的には，生活者のモチベーションが働くのは，水洗トイレを清潔で快適に維持・管理することまでであり，放出された排水の扱いまではモチベーションが働かない。現在の日本では法制度によって，排水処理が義務づけられているため，一部を除いて排水は適切に処理されているが，「自分たちのためのサニテーション」という感覚が失われると，排水の垂れ流しが横行することになるだろう。実際に，東南アジア諸国では，水洗トイレが普及したのちに，その排水は河川に直接放流されるという事態が頻繁にみられる。

国や市町村といった集団の単位では，下水処理や浄化槽といった排水への対応もまた，公共機関による水道整備と同様に，「自分たちのためのサニテーション」と考えることもできる。国や市町村，それぞれの単位での「自分たち」に，排水垂れ流しの悪影響が及ぶことがありえるからである。

しかし，上水道と比較すると，サニテーションでは「自分たちのため」という感覚が得にくいことも事実である。本書第3章で指摘されているように，サニテーションのもたらす恩恵は，目に見えて実感しにくいものである。飲料水の場合には，集団も，個人も，「清潔な水を得たい」という正の価値を求める方向性が一致するが，これに対して，サニテーションは，基本的には経済上の大きな利益を直接生み出すものではない。むしろ，その恩恵は，病気にかかるリスクの低減や周辺環境の保全などといった，(適切なサニテーションが欠如した際に)集団にとって生じるであろう負の価値をゼロにすることにある(本書第3章)。個々人にとっては，その意義は理解できても，個人のなかでのコストパフォーマンスを考えると，どうしても「垂れ流し」という選択肢が候補にあがってしまう。このように，「水とサニテーション」

はその目的は共通しているとはいえ，その入口と出口では大きく状況が異なっている。実際のところ，このことについては，多くの実践者や実践をおこなう研究者が認識し，その難しさを指摘している(たとえば田中 2012)。

(2) 他者のためのサニテーション

他者のためのサニテーションは，大きく2つが考えられる。ひとつは，国際協力のように，第三者がサニテーションの普及に協力するものである。その動機は，細かくみれば，さまざまあげられるが，基本的には，サニテーションは基本的人権であり，その確保には世界をあげて取り組むべきである，という考え方がベースとなっている[2)]。この考え方自体は，広く理解されコンセンサスがとれているといえよう。しかし同時に，国際協力プロジェクトによるサニテーションの取り組みには，失敗例が数多く存在する。国際協力一般における失敗の原因については，チェンバース(2000)はじめ，さまざまな研究者によって分析や指摘，改善策の提案がなされている。第三者がサニテーションの普及に協力する際には，こうした知見を踏まえて取り組む必要がある。

他者のためのサニテーションのもうひとつは，他者の権利や生活を守るために自分たちのサニテーションをきちんと管理するというケースである。集団の境界線の引き方次第では，先述の「自分たちのためのサニテーション」ともオーバーラップする領域であるが，ここでは，自集団以外を意識した状況を想定している。一般的には，何らかの法制度や協定，条約等の「決まり」に基づいておこなわれる行為であろう。今後のサニテーションを考えていくうえでは，このような「決まり」だけではなく，近隣の他者，他集団との調整も含めた「他人のためのサニテーション」をより一層深めていく必要がある。また，この議論の延長線上に，環境保全の視点におけるサニテーションの重要性を位置づけなおすことができるだろう。他者の拡張としての自然環境や，自然環境を利用する人々(ここに，排出者である「自分たち」

2) 基本的人権としてのサニテーションについては，本書第4章を参照。

も含まれる場合が多い）や野生生物への影響を踏まえた，廃棄物処理としてのサニテーションも，当然ながら考えなければならない要素である。

こうした「他者のためのサニテーション」は，煎じ詰めれば，最終的に自己へのメリットにつながる部分が少なからずある場合がほとんどであるように思われる。国際協力では，その背景にドナー側の国や国際機関などに政治的意図があることは想像に難くない。また，国や地方自治体の境界を越える河川では，上流側の住民が下流側住民のために排水を処理するといったことがなされるが，こうしたことも，住民間の争いを避けるというメリットが期待できるがゆえに，成立している面もあるだろう。その意味では，上述の「他者のためのサニテーション」の大半は，「自分たちのためのサニテーション」もしくは，以下で述べる「自分のためのサニテーション」の拡張としても考えることができる。その場合，「自分たちのためのサニテーション」と「他者のためのサニテーション」の境界線は，主たる目的を自他のどちらにおいているか，ということかもしれない。

(3)　自分のためのサニテーション

3つ目は，ひとつ目の「自分たちのためのサニテーション」と一見似ているが，異なるものとして提示したい。ここでいう「自分のためのサニテーション」は，個人または企業体など，比較的狭い範囲の集団にとっての，固有のメリットを期待するものである。具体的に想定される例としては，ビジネスとして利益を得るために取り組む場合や，研究者が自身の研究のために取り組む場合などである。当然，自身の利益だけのために関係者を「食い物にする」行為は許されない。しかし，先述の「自分たちのための」と「他者のための」だけでもすでに立場や味方によって要素の重複がみられたように，実際に物事が回っていく際には，さまざまなプレイヤーのさまざまな思惑が多重的に存在している。そして「自分のためのサニテーション」についても，その要素自体は必ずしも排除されるべきものではない。状況によっては，この第三者のモチベーションが，サニテーションのしくみづくりの重要なエンジンとなる場合もある。「自分のため」という動機であっても，win-win の関係のなかで進められるのであれば，第三者が「自分のため」にサニテーションのしくみづくりを推進することは決して悪いことではない。ただし，いくつか気をつけなければならない点はある。たとえば，一般的に，研究者やビジネス提供者の側が，その土地に住む生活者よりも，圧倒的に専門的な情報と資金をもっている場合が多く，しばしば住民の意思決定を誘導できる状況が生じてしまう（もちろん，間違った誘導によって進められたプロジェクトは，結局のところ，持続可能な成果を残すことは難しいのだが）。このような点で，外部者と生活者との間に非対称な関係性が形成されやすいことは注意する必要があるだろう。

ビジネスによるサニテーション課題の解決は，2010年代頃から議論されるようになってきている（たとえば Fogelberg et al. 2010, Ushijima et al. 2015）。ただし，ビジネスによる解決の最も決定的な課題は，ビジネスが成立しなければ，誰もそれに参与しない，という当たり前の事柄である。これまで解決されてこなかったサニテーションの問題は，基本的に，ビジネスとして成立しにくい。そのために現在にいたるまで，行政が公共サービスとして担ってきたか，もしくは，公共サービスとしても実施が困難であり，サニテーションの問題が放置されてきたか，のいずれかであるといえよう。SDGs の重要コンセプトである「誰ひとり取り残さない」の実現を目指すうえでは，一般的にいって，ビジネスのみで対処することは困難であると思われる。しかし他方で，行政による対処も困難な状況にある。こうしたことを踏まえると，これからのサニテーションは，ビジネスや行政のどちらか一方が担うのではなく，さまざまなプレイヤーが，「自分のため」という損得勘定と，公共の利益のバランスをとりながら，それぞれの新たな役割を担っていくことが必要であるように思われる。サニテーションのしくみづくりは，さまざまなプレイヤーの分担をこれまで以上に，丁寧につくりあげていくことにあるのではないだろうか。

(4)　これからのサニテーションは誰のために

サニテーションのしくみは，これまで述べてきたとおり，自他の境界線の

表1　公共による上下水道サービスにおける一般的な役割分担とモチベーション

関係する主体	主な役割	モチベーション
ユーザー	上下水道料金支払い	自身の清潔で健康な暮らし
行政 (上下水道局等)	サービスの提供	市民の安全な暮らしの実現 (行政のそもそものミッション)
国	制度づくり，技術の規格化，指導ほか	国民の安全な暮らしの実現 (政府のミッション)
工事業者	インフラ建設，維持管理工事	企業体の持続・成長(金銭的利益)
技術開発者(民間)	新技術の開発・実用化	企業体の将来の利益
技術開発者(大学等)	新技術の開発	研究機関および研究者個人としてのミッション

引き方を変えることで，多様なプレイヤーが関与しうるものとなる。したがって，サニテーションのしくみづくりは，こうした多様なプレイヤーのそれぞれのモチベーションを上手に組み合わせて，全体のしくみとして回っていくようにすることだといえる。それを実現するうえで，多様なプレイヤーの間での共創が，ますます重要になると思われる。

実際のところ，これまでのサニテーションのしくみも，さまざまなモチベーションが組み合わさってつくられてきていた。たとえば，今日の主流を占める公共による上下水道サービスは，先進国ではそれなりに複雑なシステムを構築して成り立っているが，関係する主体のモチベーションの関係は比較的整理しやすい(表1)。このようなサニテーションのしくみでは，ターゲットや主たるモチベーションが明確であったため，さまざまなプレイヤーの参与による共創という点を特段意識しなくても，国や行政が関係者と調整を図りながら進めていけばシステムが回るようになっている。

しかし，現在，「公共のため」(市民・国民の安全な暮らしの実現のため)というモチベーションと役割を中心にして，国や行政が主導して，ユーザー，工事業者，技術開発者の役割とモチベーションをつなぎあわせる，という従来のサニテーションのしくみは，行き詰まりをみせている。とくにインフラ整備や維持存続で苦労している低-中所得国や先進国の過疎地域では，このような国・行政主導の役割とモチベーションのつなぎあわせが困難となっている。他方で，住民に焦点化したボトムアップ型のサニテーションシステムの構築は主に国際援助の場面においてさまざまに試みられているが，さきにも述べた外部者と生活者との間の非対称な関係性や，あるいは，住民主体のボトムアップ型アプローチに対し，いかにして科学的根拠に基づく安全性を担保するかという問題の難しさ（本講座第5巻第8章にてこの問題に対する取り組みの例を紹介する）もあり，必ずしもすべてが順調に進んでいるわけではなく，容易でないことがうかがえる。こうした試みでは，さまざまな主体の役割とモチベーションのつなぎあわせとしてのサニテーションのしくみが，いまだ確立されていないように思われる。

3　モチベーションをつなぎあわせてつくるしくみづくり

これからのサニテーションのしくみづくりにおいては，サニテーションの境界線を少しだけ先まで含めることと，関係するプレイヤーが win-win となる関係を構築することが重要であるということを，ここまで述べてきた。多様なプレイヤーたちの間で win-win の関係をつくるということは，それぞれのサニテーションに参画するモチベーションを丁寧につなぎあわせていく作業と言い換えて差し支えないであろう。ここでは筆者らが実際に取り組んだ，北海道の農山村地域における地域自律管理型水道の管理運営支援体制づくりを例に，「モチベーションをつなぎあわせてしくみをつくる」というアプローチについて説明したい。

(1)　プロジェクトの背景と概要

北海道の農山村地域では，自治体ではなく，地域住民が自ら維持管理している水道（地域自律管理型水道）が多く存在する。その利用人口は北海道全体の2%以下だが，その水道の数は，北海道全体で少なくとも237，推定値も含めると500以上あると考えられている。一般的に都市で生活する人々は水道法上の上水道を水道として認識しているが，上水道は北海道では全人口の92%に供給しているのに対して，その水道の数はわずか94である（北海道

2020)。すなわち，人口密度の高い限られたエリアを対象に大規模な施設でたくさんの人(概ね5000人以上規模)に水を配るのが上水道であり，北海道の土地の多くを占める低人口密度地帯は，地域自律管理型水道のような極小規模(概ね100人以下，場合によっては数人)の水道によってカバーされている部分が大きい。

地域自律管理型水道は広大な面積に散らばる少数の家に水を配っているのである。そうしたことから，もともと1人当たりの水道の管路長が長く，上水道に比べると経営効率は悪くなりやすい。

このように，地域自律管理型水道と上水道では，扱いやすい技術や，無理のない運営体制も，当然異なるはずであり，それに応じた支援策が検討されるべきである。そうであるにもかかわらず，地域自律管理型水道はもともと水道法の適用外とされ，対象となる人口，すなわち受益者の数が少ないこともあり，2010年代後半まではほとんど注目されることがなく，関連データもほとんど存在しなかった。

そこで筆者たちは，人口減少が進み，行政によってすべての公共サービスの維持が困難になっている地方における，これからの地方水道のひとつのモデルとして，地域自律管理型に着目し，調査を進めていった。そして2017年から，北海道においてその実態調査(牛島ら2018)と支援方策の検討をおこなってきた。実態調査によってわかったことは，地域自律管理型水道は，①良質な水源をもち，水処理コストがほとんどかからないものが多く，②維持管理には，農家や地元土建業者などの技能や機械が活用され，③利用者も自己責任の意識が強く，一時的な断水など，多少の不便があっても問題とならず，④その結果として，水1 m^3 当たりのコストは行政が運営する水道より低く抑えられているなどの利点をもつということである。一方で，その主要な弱点としては，①水源が汚染された場合に，直ちに発見して対処する手立てがないこと，②水道管の材質や埋設位置などの情報が，地元住民の記憶にたよっており，引き継ぎなどで情報が失われやすいといったことが明らかとなった。

こうした知見を踏まえ，筆者たちは北海道富良野市と連携し，地域自律管

表2 地元高校による水道支援のこれまでの経緯

	水質調査	管路図 GIS 化	報告会
2017年度	1カ所	5カ所	11月(水道利用組合向け)
2018年度	4カ所	3カ所	11月(水道利用組合向け), 3月(一般市民向け)
2019年度	1カ所	1カ所	11月(水道利用組合向け)
2020年度	2カ所	2カ所	1月(水道利用組合向け)

理型の強みを生かしながら，弱みの部分を地域の別のプレイヤーたちの支援によって補完することで，持続可能な地域水道を実現するための体制づくりをおこなった。市内に19カ所の地域自律管理型水道が確認されている富良野市では，これまでも，水質検査費用や大規模改修費用の半額補助をおこなう制度を活用しながら，地域自律管理型水道の運営実態把握に努め，維持管理支援をおこなってきた。2017年からは，筆者たちも富良野市の水道支援に参画し，「地域ぐるみの水道維持管理支援体制づくり」として，地域の水道関連以外のプレイヤーも巻き込みながら体制づくりをおこなってきた。具体的には，この取り組みのひとつの特徴として，筆者たちは，市役所や，地域自律管理型水道を管理する水道利用組合だけでなく，地元高校(北海道富良野高等学校)とも連携して進めていった。そして，富良野高校科学部のクラブ活動と連携することで，地域自律管理型水道を対象に，①水質リスク管理体制支援として簡易の水質調査，②アセット情報管理支援として管路地図のGIS化，③一連の成果の報告会を実施してきた(表2)。

①については，地域自律管理型水道の原水，処理水，周辺環境水などを採取し，簡易の水質分析をおこなった(図1)。分析項目は，高額な機器を使わずに計測でき，かつ，地域自律管理型水道の維持管理に貢献できる項目として，大腸菌数と「おいしい水」[3]の基準などを調べた。高校生の水質分析結果は，あくまで簡易の水質分析であるため，水の安全性を担保するものとしてではなく，水質の異常を検知するアラートとしての位置づけとした。

3) 「おいしい水研究会」の示した7項目のうち，富良野高校で計測ができない蒸発残留物と臭気強度を除いた5項目での簡易評価をおこなった。

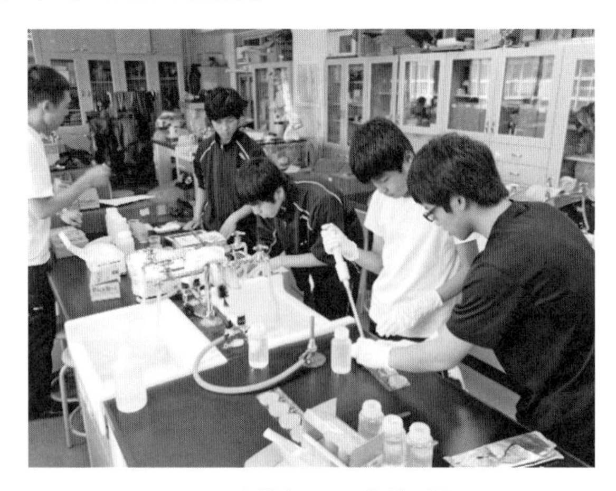

図1　高校生による水質分析

②については，関係者の記憶または紙媒体で保存されている水道管路地図などのアセット情報を，高校生が水道利用組合幹部に聞き取りをおこないながら，GIS データに落とし込んだ(図2)。GIS データは，各水道利用組合に提供され，その後の維持管理に活用されている。また，データは富良野市の上下水道課にも提供され，地域自律管理型水道のトラブル支援の際や，道路工事にかかる埋設物問い合わせなどにおいて活用されている。

③報告会は，主に水道利用組合を対象として毎年度11月または1月に開催し，水質分析結果および管路図 GIS 化の結果を報告するとともに，管路図などの成果品を各水道利用組合に提供している(図3)。これまでは，水道利用組合を含む関係者どうしの情報交換の場がなく，ノウハウの共有も図られていなかった。その意味で，この報告会は関係者間のネットワークづくりおよび連携強化の機会としても位置づけられている(図4)。さらに，報告会では毎回，水関連の専門家の講演を実施しており，水源地としての森林の話題(2017年度)，道内他地域の地域自律管理型水道の話題(2018年度)，本州の地域自律管理型水道の話題(2019年度)，地下水の話題(2020年度)がこれまで提供された。また，2020年度には，水源林の管理主体(東京大学演習林)を招いて高校生の報告を聞いてもらうなど，地域のプレイヤーを新たに

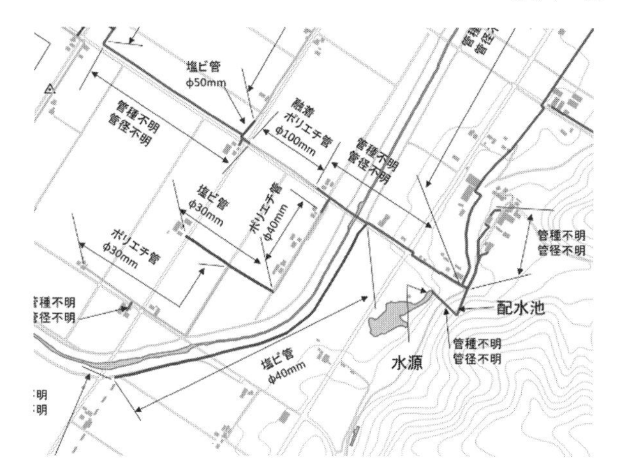

図2　高校生による管路図データの例

図3　水道利用組合向け報告会

巻き込んでいく際の入口としても重要な役割を果たしている。

なお，定例の水道利用組合向け報告会に加えて，2018年度には，富良野市内のイベントスペースにおいて一般向けの報告会も開催し，広く一般市民にも，この取り組みを紹介している。

図4　報告会での関係者間の連携強化

(2)　プロジェクトにおいて心がけたこと

この一連の取り組みで考慮したことは，関係者に同じ方向を向いてもらうことではなく，前節で指摘したように，関係者の多様なモチベーションを丁寧に細かくつなぎあわせて全体のしくみをつくることであった。たとえば，高校生に対して，地域水道の維持は，地域の存続にかかわる問題であることを訴え，地域のサニテーションに貢献してもらう，という筋書きを描くこともできたであろう。そのような取り組み方も，それ自体は間違ってはいないが，それだけで高校生を動かすことは，現実には難しい。実際に高校生に持続性をもって活動してもらうための工夫は，無数に考えうるが，筆者たちの経験をもとに考えると，「面白さ」，それもできれば「知的好奇心」を掻き立てるテーマを考えることが必要である。そして，活動の報告を学校のなかで完結させるのではなく，成果を地域の人たちに知ってもらい，活動の重要性や意義を理解してもらうという工夫なども大切なことであった。

同じように，地域の水道管理者についても，もともと「地域を守る」という意識を強くもっているとはいえ，それだけをよりどころに活動を続けることには限界を感じている方もおられた。また，こうした方々は，多くが農家であり，農繁期などは実際問題として時間がない。水道の維持管理は，限られた時間のなかで，やむを得ずやっている，という側面も否定できない。そうしたなかで，高校生たちの活動に協力していただけたのは，自分たちの水道の維持管理のためというだけでなく，むしろ将来の地域の担い手となる高校生たちを育てる，という側面も大きかったのではないかと思われる。

富良野市役所は，公的サービスを提供する行政機関ということもあり，もともと市民のためにさまざまな活動をおこなう組織である。しかし一方で，財政，人員には当然限りがあり，また，制度的に地域自律管理型水道への直接支援が難しい局面もある。そうしたなかでも，富良野市の水道部局はこれまでも知恵を絞り，制度を(よい意味で)拡大解釈し，地域自律管理型水道の支援をおこなってきた。富良野市役所としては，本プロジェクトに協力することで，財政，人員，制度の制限という壁を越えて，間接的ではあるものの，より充実した支援ができるようになった。

それ以外にも，細かい点では，たとえば毎年の報告会で講演をお願いしてきた専門家たちも，この取り組みへの個別のモチベーションをもっていた。専門家には，基本的に趣旨に賛同いただき，ボランティアとしてお願いをするかたちで参加していただいた。しかし，実際にはいずれの場合も「富良野での取り組みを見てみたい」と言ってくださった専門家にお願いしており，専門家自身のモチベーションにも沿ったものとなっている。また，本プロジェクトを仕掛けた筆者自身も，支援活動を通じて学術的知見を得て，その結果を論文や学会発表，書籍発行等によって公表し，自身の業績につなげていることは否定しない。

このように，第三者からみれば，必ずしもベストなバランスではないかもしれないが，現時点では少なくとも関係者それぞれのモチベーションが一定の範囲で合致し，win-win の関係を築くことができていると認識している。

4　共創によって何を目指すのか

最後に本節では，これまでの議論と富良野市での取り組みを踏まえて，共創によって，何を目指すのかということについて述べていく。

(1)　サニテーションのしくみを駆動するエンジン

富良野市での取り組みを紹介しつつ，ここまで論じてきたように，サニテーションのしくみを持続的に駆動させていくためのエンジンとなるのは，関係者のモチベーションである。それは，当事者としての衛生環境確保や快適性の追求かもしれないし，金銭的な利益追求かもしれない。近代以降に成立した上下水道のように，サービスを受ける側とサービスを提供する側といったシンプルな関係であれば，水とサニテーションのしくみにかかわる人々や組織のモチベーションと役割を難しく考える必要はない。また，サービスを一方の側が供給し，他方の側が受容するというシンプルな関係で，しくみづくりを考えるツールやノウハウは多く存在する。たとえば，事業を立ち上げる際のわかりやすいツールとして広く知られるビジネスモデルキャンバス(オスターワルダー 2012)をみると，「顧客セグメント」と「価値提案」，「(顧客への)チャネル」，「顧客との関係」，「利益の流れ」，「リソース」，「主要活動」，「パートナー」，「コスト構造」を明確化することから作業が始まる。ここで強く意識されるのは，「顧客」と事業主体の関係である。

しかし，さきに述べたように，ビジネスや行政のそれぞれ一方だけでは，これからのサニテーションは成立しない。今までよりもう少し広く考え，多様なプレイヤーを巻き込む必要がある。もちろん個別には「顧客」と「事業主体」の関係を丁寧に組み上げるということも必要ではあるが，一方で全体を見渡すことがより重要となる。ざっと考えただけでも，サニテーションのしくみづくりを担いうるプレイヤーは数多く見出すことができる。自分たちの生活環境を保全したい生活者，限られたリソースをもって支援をする立場の行政，各々のビジネスとして関与する主体，国際協力のミッションに従って関与する主体，研究として関与する主体など，非常に多様なモチベーションに沿って参画する主体たちが存在している。このように，地域を少しずつ理解し，さまざまな人々や組織の関係性を丹念にたどりながら，全体を見渡すことで，プレイヤーとなりうる主体それぞれのモチベーションを丁寧につなぎあわせ，持続性と強靭性をもちあわせたエンジンを組み上げることが求められている。

この複雑なモチベーションの関係の全体像を把握するために，筆者たちは図5~8のような関係図をそれぞれのフィールドで作成してきた。ここでは詳細な内容についての説明は割愛するが，これらの図は，基本的にモノ・金・価値を切り口に各プレイヤーの関係性を示したものである。図8では，モノ・金・価値だけではなく，それらで記述しきれないモチベーションも吹き出しで追記している。このように，各プレイヤーのモチベーションを「見える化」して全体像を把握するためには，各プレイヤーとの丁寧なやりとりが必要となる。つまり，こうした関係図は，それぞれのプレイヤーをよりよく理解し，そのモチベーションを把握していき，全体としてのモチベーションの関係性を俯瞰するための道具である。さらにいえば，この関係図を描いていくことは，サニテーションの維持・管理に，どのような主体が，どのように参与しているのか，参与しうるのかを明らかにする方法論でもある。

(2)　価値を生み出すサニテーション

他方で，すでに存在するモチベーションのみをつなぎあわせることには，限界がある。とくに，ビジネスの領域を動かすためには，何らかの価値あるものやサービスのやりとりが必須となるため，今そこにある価値とニーズのマッチングをするだけでは，すべての関係者のモチベーションに応えることができない場合が出てくる。何らかの価値を生み出し，付与させていく価値連鎖のプロセスが，サニテーションのしくみに組み込まれている必要がある。

まず考えられるのは，かつての日本のように，農業とのリンクによって価値を生み出す方法であろう。この場合，農業利用するうえでの価値をきちんと付与することが最も重要となる。そのために，し尿由来の堆肥の価値を高

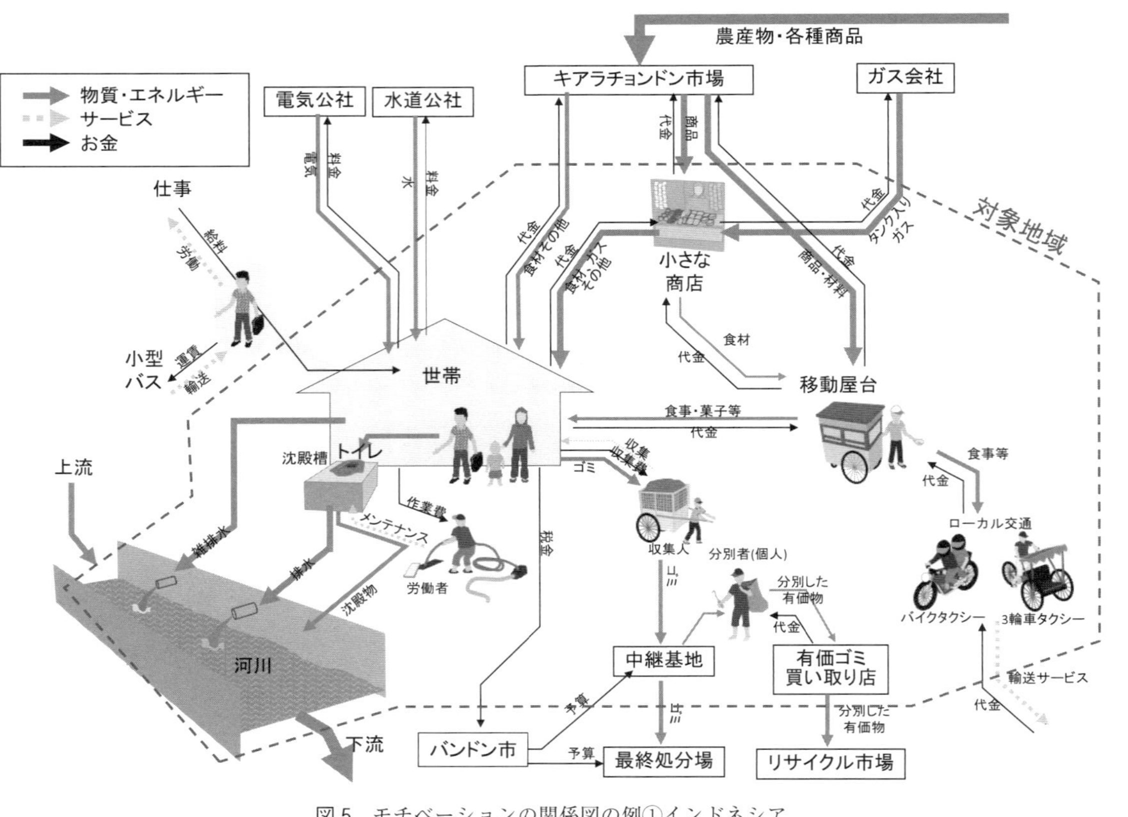

図5　モチベーションの関係図の例①インドネシア

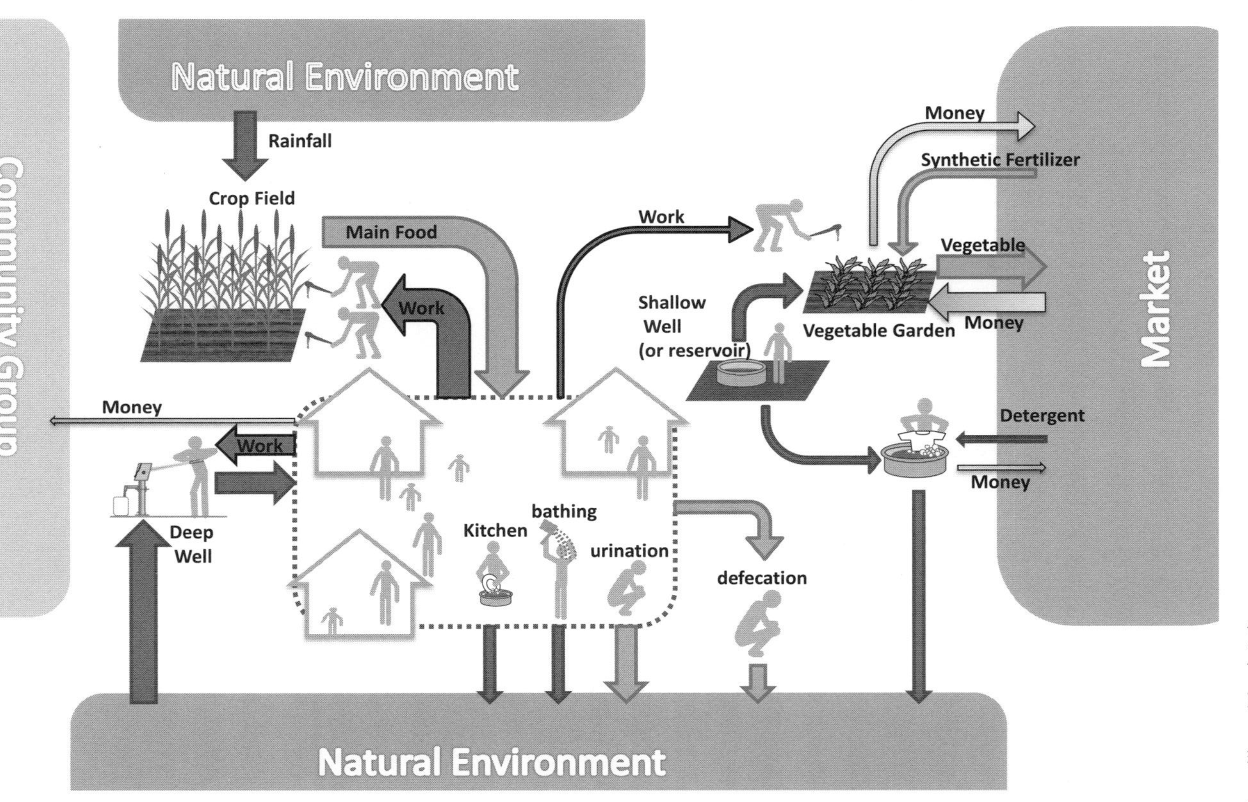

図6　モチベーションの関係図の例②ブルキナファソ

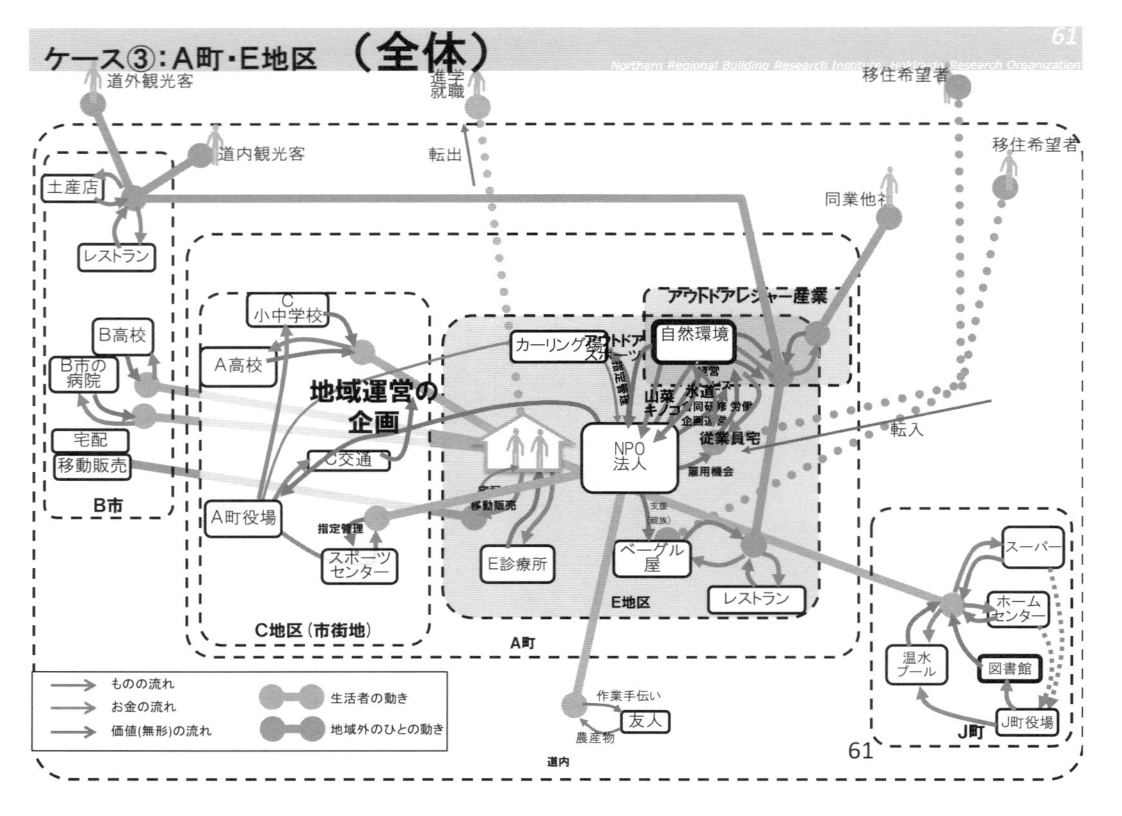

図7　モチベーションの関係図の例③北海道

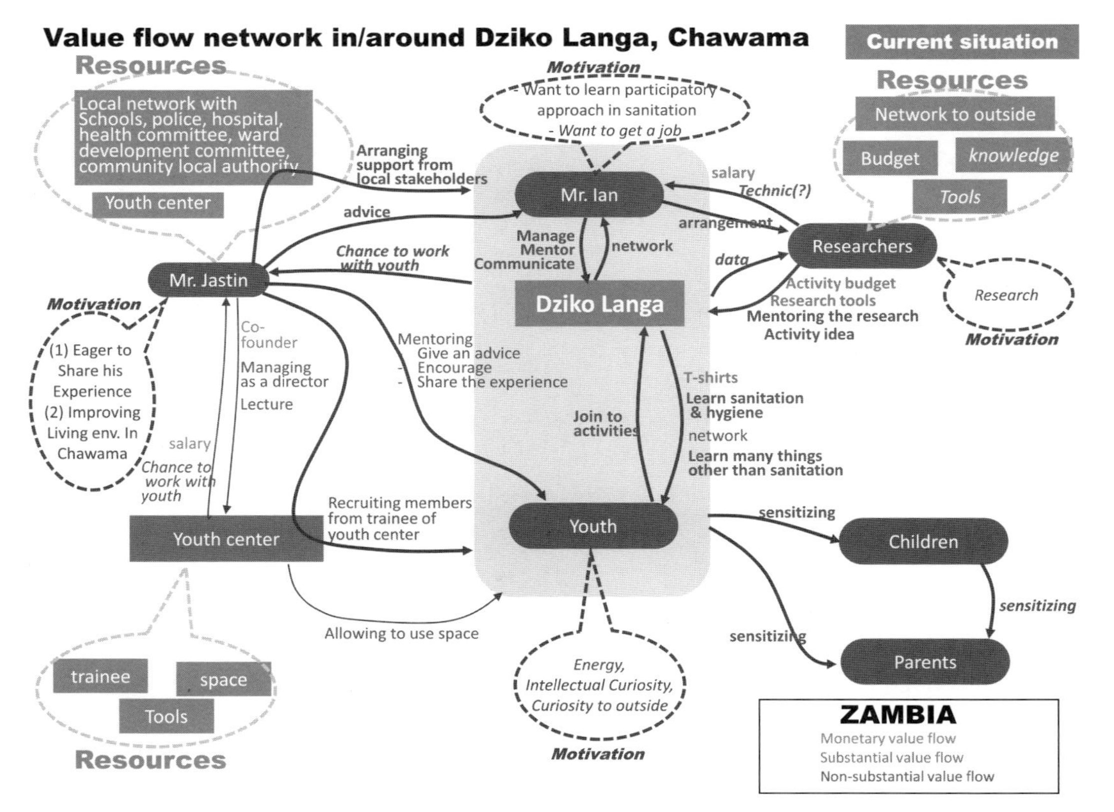

図8　モチベーションの関係図の例④ザンビア

めるための処理，し尿を原料として捉えた流通体系を考える必要がある。さらにし尿の原料にさかのぼって，ヒトの食料の品質や安全性といった事柄も検討の俎上にあがる。事実，かつての日本では，し尿の流通体系が構築されていたし，江戸時代には，裕福な家庭とそうでない家庭では肥料価値が異なるということでし尿の引き取り価格に差がつけられたといわれている。ただ，こうしたしくみが自然発生的にできあがった例は世界的にみてもほとんどない。また，化成肥料の普及により肥料の価格が低く抑えられている今日において，サニテーションと農業のリンクによって価値を生み出すためには，しくみの緻密な設計と工夫が必要と思われる。

たとえば，し尿肥料の利用を「循環型農業」「有機農業」などのコンセプトにつなげることで付加価値をつけることは，本講座第5巻で紹介する筆者たちの取り組みのなかでも検討がされている。ただしその場合でも，今日の状況ではただ単に有機肥料を使っているというだけで大きな付加価値を生み出すことは難しい。情報とストーリーの提供が価値を生み出す時代においては，農作物のトレーサビリティは避けて通れない。ヒトのし尿を用いた循環型農業であれば，肥料を生み出す人間がどんなものを食し，どのような暮らしをしているか，といった部分も含めたコンセプトづくりまで踏み込んで，ようやく付加価値が生まれると考えている。

(3)　フィクサーによる調整から共創へ

上述の富良野市における取り組みは，主に，筆者が国の助成を受けて実施したプロジェクト(2016～2018年度)の枠組みで実施していた。つまり，さまざまな調整は，主に筆者もしくは富良野市役所がおこないながら，全体として，富良野市や富良野高校，地元の水道利用組合などの関係者とともにつくりあげていったのである。図5～8に示したケースも，多くの部分は研究者または地域の「フィクサー」(仕掛け人)が中心となってつくりあげられたものといえる。各プレイヤーのモチベーションを理解し，全体としてかみあうように，パズルのピースをはめていくかのような，この「調整」の作業は，特別に新しいことではなく，多様なプレイヤーが参加するプロジェクトなどでは，これまでも実施されてきたことと思われる。ただ，これまでこうした働きは，いわゆる「フィクサー」個人の能力として整理されてきた面が大きいのではないだろうか。

しかし，今後，サニテーションのしくみづくりを世界中で同時多発的に起こしていくためには，この「モチベーションの組み合わせ・調整」の作業をフィクサー個人の働きだけに期待するのではなく，地域内外の多様なプレイヤーによる「共創」によって進めていくことが重要であると思われる。

(4)　共創の体制

生活者と専門家と行政とビジネスパーソン，さらには専門家も多様な分野の人間が集まって何かを共創するには，当たり前のことだが，まずしっかりとコミュニケーションがとれるようになるまで，相当な時間と労力が必要となる場合が多い。この段階を超えるためのアプローチ方法やツールは，主に国際開発学の分野でさまざま開発されているが，多様なプレイヤーを巻き込むほど，このプロセスを丁寧におこなう必要があることは間違いない。なかでも，チェンバース(2000)が指摘しているように，専門家の姿勢はとくに注意が必要である。

共創をおこなうには何らかの目標は必要であろう。しかし，さきに述べたように，皆が納得できる目標は，正論ではあっても，個人のモチベーションと合致するものとは限らない。現実には，個人のモチベーションと全体としての「ゆるい」ゴールのバランスをとりながら進めることになると筆者は考えている。本講座第5巻で紹介する事例たちをみていただくとわかるが，各現場で，このバランスはさまざまである。筆者も，どのバランスが妥当なのか，またそもそもそのような最適解なるものが存在しうるのか，確たる答えをもつにはいたっていない。ただ現時点でわかっていることは，ゴールが緩すぎるとモチベーション維持にはつながるものの現場の課題解決になかなかつながっていかないこと，逆に，ゴールを明確化しすぎると参加できるプレイヤーが限られてしまい共創の幅が狭くなることである。このことは，筆者の関与した現場においてもまた，まだまだバランス調整の余地があることを示唆しているように思われる。

おわりに

ここまで，サニテーション学における共創について，いくつかの視点から整理した。サニテーション学は，実践的かつ複合的な学問領域である。さらに，21世紀初頭までに人類がうまく解決できなかった，「残されたサニテーションの問題」を考えたとき，今後ますます求められることは，物質循環のもう少し先までを含めてしくみを考えることだと筆者は考える。そしてそのためには，さまざまなプレイヤーを巻き込んだトランスディシプリナリーなチームが必要である。このチームをつくりあげるために必要であることもまた共創である。少々トートロジーのように聞こえる言い方であるが，サニテーションのしくみを共創するためには，トランスディシプリナリーなチームを共創することが必要だと考える。「物質循環のもう少し先」には，社会，文化，経済などといった要素が含まれ，自らの学問を他の分野の人々や非専門家にどのように伝えるのかという点ではサイエンス・コミュニケーションなどの観点も必要とされる。学問だけの取り組みではなく，さまざまな人々とともに実践をおこなうことで問題解決に資することができる。つまり，さまざまな学問分野や学問分野を越えたさまざまな人々がかかわるという意味で，トランスディシプリナリーなチームが求められている。

ここでいう共創は，チームそのものを共創すること，チームによってサニテーションのしくみを共創することの2つの側面をもつ。この2つの共創は，共創する対象が異なるという意味で，別のものであるが，一方で，両者は不可分である。著者の知る限りトランスディシプリナリーなチームは人を集めればそれでできるというものではなく，メンバーがある程度(場合によっては膨大な)時間と労力をかけて，サニテーションのしくみづくりのために議論を重ね，手戻りを厭わず，納得解を目指すなかでかたちづくられる。まさにそのプロセスが共創の重要な部分であり，難しい部分であると筆者は考える。

参考文献

池田修一(2003)「下肥の流通と肥船」NPO日本下水文化研究会屎尿研究分科会編『トイレ考・屎尿考』技報堂出版.

牛島健・石井旭・福井淳一・松村博文(2018)「実態調査に基づいた人口減少地域における地域自律型水インフラマネジメントの可能性」『土木学会論文集G(環境)』74(7)：Ⅲ_143-Ⅲ_152.

大塚正之(2019)「「共創」とは何か」『共創学』第1巻第1号，61-66頁.

オスターワルダー，A.，ピニュール，Y.(2012)『ビジネスモデル・ジェネレーション』小山龍介翻訳，翔泳社.

科学技術振興機構(2021)『未来の共創に向けた社会との対話・協働の深化』https://www.jst.go.jp/sis/scienceinsociety/(閲覧2021.05.21).

風間しのぶ・大瀧雅寛(2010)「コンポスト型トイレにおける病原ウイルス指標」『土木学会論文集G』第66巻第4号，179-186頁.

楠本正康(1981)『こやしと便所の生活史——自然とのかかわりで生きてきた日本民族』ドメス出版.

大学ポートレートセンター(2021)『大学ポートレート』https://portraits.niad.ac.jp/index.html(閲覧2021.05.09).

田中直(2012)『適正技術と代替社会——インドネシアでの実践から』岩波書店.

チェンバース，R.(2000)『参加型開発と国際協力—変わるのはわたしたち』野田直人・白鳥清志監訳，明石書店.

プラハラード，C. K.，ベンカト・ラマスワミ(2004)『価値共創の未来へ——顧客と企業のCo-creation』有賀裕子翻訳，ランダムハウス講談社.

北海道環境生活部環境局環境政策課(2020)『平成30年度北海道の水道』.

Fogelberg, K., J. Montes & B. Soto (2010) From excrement to pines to mushrooms to money in Bolivia, *Sustainable Sanitation Practice*, 5: 4-9

Sossou S. K., Hijikata, N., Sou, M., Tezuka, R., Maiga, A. H., & Funamizu, N. (2014) Inactivation mechanisms of pathogenic bacteria in several matrixes during the composting process in a composting toilet, *Environmental Technology*, 35(6): 674-680

Ushijima, K., Funamizu, N., Nabeshima, T., Hijikata, N., Ito, R., Sou, M., Maïga, A. H. & Sintawardani, N. (2015) The Postmodern Sanitation: agro-sanitation business model as a new policy, *Water Policy*, 17(2): 283-298

United Nations (2019) *'Transformational benefits' of ending outdoor defecation: Why toilets matter*, UN news, https://news.un.org/en/story/2019/11/1051561

索　引

【A-Z】

【あ行】

【か行】

【さ行】

【た行】

【な行】

【は行】

【ま行】

【や行】

【ら行】

執筆者紹介（執筆順，＊は編者）

＊原 田 英 典（はらだ ひでのり）　序章，第1章，第2章，コラム

京都大学大学院アジア・アフリカ地域研究研究科 准教授。専門：環境工学

＊中 尾 世 治（なかお せいじ）　序章，第3章，第4章

京都大学大学院アジア・アフリカ地域研究研究科 助教。専門：歴史人類学，アフリカ史研究

＊山 内 太 郎（やまうち たろう）　第5章

北海道大学大学院保健科学研究院／総合地球環境学研究所 教授。専門：人類生態学，国際保健学，栄養人類学

牛 島　健（うしじま けん）　第6章

北海道立総合研究機構北方建築総合研究所 研究主幹。専門：地域計画，社会システムデザイン

講座 サニテーション学1
総論 サニテーション学の構築

2022年3月31日 第1刷発行

編著者 山内太郎
中尾世治
原田英典
発行者 櫻井義秀

発行所 北海道大学出版会
札幌市北区北9条西8丁目北大構内(〒060-0809)
tel. 011(747)2308・fax. 011(736)8605・http://www.hup.gr.jp

㈱アイワード

ISBN 978-4-8329-2951-7

講座 サニテーション学　全5巻

第1巻　総論　サニテーション学の構築

山内太郎・中尾世治・原田英典編著

A5判・198頁・定価3200円

第2巻　社会・文化からみたサニテーション

中尾世治・牛島健編著

2022年秋刊行予定

第3巻　サニテーションが生み出す物質的・経済的価値

藤原拓・池見真由編著

2022年秋刊行予定

第4巻　サニテーションと健康

原田英典・山内太郎編著

2022年秋刊行予定

第5巻　サニテーションのしくみと共創

清水貴夫・牛島健・池見真由・林耕次編著

A5判・412頁・定価4200円

〔定価は税別〕